高等院校艺术设计专业"十二五"系列教材

餐饮空间设计

主 编 杨 婉

副主编 向隽惠 朱 婷 王 樊

参 编 黄秦超 邓 毅 王 瑶 陈媛媛

Canyin Kongjian Sheji

华中科技大学出版社
http://www.hustp.com
中国·武汉

内 容 提 要

本书的内容包括餐饮空间的概述、餐饮空间的组织与各类设计要素、餐饮空间的设计过程及表达、各类餐饮空间的设计及快题表现、餐饮空间室内设计实例等。

在本书的最后,还精选了国内外优秀项目案例,以供读者从中汲取养分,启发设计创意。本书在编写过程中注重把感性认识与理性思维方法结合起来,意在体现本书的实践性、实用性和实效性。

图书在版编目(CIP)数据

餐饮空间设计/杨婉主编.—武汉:华中科技大学出版社,2016.3(2022.7重印)
ISBN 978-7-5680-1528-8

Ⅰ.①餐… Ⅱ.①杨… Ⅲ.①饮食业-服务建筑-室内装饰设计-高等学校-教材 Ⅳ.①TU247.3

中国版本图书馆 CIP 数据核字(2015)第 321939 号

餐饮空间设计
Canyin Kongjian Sheji

杨 婉 主编

策划编辑:袁 冲
责任编辑:胡凤娇
封面设计:孢 子
责任校对:刘 竣
责任监印:张正林
出版发行:华中科技大学出版社(中国·武汉) 电话:(027)81321913
        武汉市东湖新技术开发区华工科技园 邮编:430223
录 排:华中科技大学惠友文印中心
印 刷:广东虎彩云印刷有限公司
开 本:880mm×1230mm 1/16
印 张:8
字 数:230 千字
版 次:2022 年 7 月第 1 版第 5 次印刷
定 价:43.00 元

前言

CANYIN KONGJIAN SHEJI

自古以来，"食"文化在中华民族传统文化中占有重要的地位，随着社会经济的不断发展，人们对"食"的要求早已不再局限于食物本身，反而对饮食场所的空间环境的要求越来越高，于是逐步形成了餐饮空间设计。现代餐饮空间设计除了要考虑食物制作方式外，更多的是要综合考虑日益改变的社会商业模式以及不断改变和优化的大众消费模式，因为这些因素使得现代餐饮空间设计成为综合环境学、设计学、美学、生态学、人机工程学、消费心理学、设计心理学等多学科知识的综合性设计。

编者在撰写本书的过程中充分考虑到学生在学习理论时容易理解但不善于实践这一现状，结合餐饮空间设计的特殊性，将理论与实践相结合，使学生能真正做到学以致用。本书采取了"两段式"编写模式：前半部分对餐饮行业的起源、餐饮空间的构成方式及其空间特性进行了全方位的剖析，同时以此为依据对餐饮空间设计的理论及方法进行了详细的阐述；后半部分采用了专项设计讲解结合优秀案例分析的方式，多层次、全方位地展示了餐饮空间设计的全过程，希望通过最直观的方式让学生了解餐饮空间设计的每一步骤，从而指导学生完成相关的餐饮空间设计。

本书由武汉工程大学邮电与信息工程学院杨婉担任主编，武汉工程大学邮电与信息工程学院向隽惠、朱婷及湖北经济学院王樊担任副主编；参加编写的有武汉工程大学邮电与信息工程学院黄秦超、西南财经大学天府学院邓毅、四川师范大学王瑶、湖北商贸学院陈媛媛。本书有着较强的理论意义和实践指导作用，可作为各高校餐饮空间设计课程的主要参考书，适合相关专业的学生、教师以及室内设计的从业人员使用，也可为相关人员提供一定的借鉴和参考。

本书在编写过程中，参阅了同行相关的文献与资料，在此向这些作者一并表示感谢。由于编者的水平有限，书中错误与不妥之处在所难免，恳请读者批评与指正。

编　者

目录

CANYIN KONGJIAN SHEJI

第1章

餐饮空间的概述

CANYIN KONGJIAN SHEJI

1.1
餐饮业的概况

1.1.1　餐饮业简介

自古以来,衣、食、住、行就与老百姓的日常生活有着密不可分的联系,而其中以"食"尤为甚之,从古人所说的"民以食为天"即可略窥一二,也正是因为这样才造就了中国传统文化中的重要分支——饮食文化,并且促进了餐饮这一行业的蓬勃发展。

《辞海》在对"餐饮、餐饮业"的解释是:"餐饮指饭菜和饮料,也指市场。餐饮业即饮食买卖的相关行业,如酒馆、饭馆等。"《国民经济行业分类(GB/T 4754—2011)》对"餐饮业"的定义是:"餐饮业是指通过即时制作加工、商业销售和服务性劳动等,向消费者提供食品和消费场所及设施的服务。"综合以上对"餐饮业"这一词语的解释,我们不难发现,餐饮这一行业无论历经怎样的变革,其主要的社会机能和内在核心价值并没有发生改变,它始终承担着向社会民众贩售食品这一重要社会职能,是民众日常饮食的有益补充。

结合餐饮业的定义,我们可以得出餐饮业应当具备以下几个基本条件。

(1)以营利为主要目的,以食品或者饮料的销售作为主要职能,并且能提供与之相匹配的服务。

(2)应当能对饮料或食品进行加工处理和烹调。

(3)具有固定的服务场所,该场所必须具备相应的餐饮加工及服务设施且具有一定的顾客容纳能力。

1.1.2　餐饮业的产生和发展

餐饮业是一个历史非常悠久的行业,对大众生活以及国民经济发展都有着非常重要的影响。由于各国民族文化、地域特色以及饮食习惯的不同,所以造就了各国餐饮业发展的不同特色。

1.欧洲餐饮业的发展

欧洲的餐饮业发展得非常早,在公元前1700年左右便有小客栈的出现,这是一种规模较小、形式单一的餐饮经营,是欧洲餐饮业发展的起源。但是系统的、具有一定规模的餐饮经营则在十六七世纪才慢慢发展起来,如果要寻其根源,大约是由英国牛津地区零星的小型咖啡馆开始逐步发展起来的。

到十八世纪后期,因为工业革命的兴起,随着轮船、火车的普及,欧洲大陆上各国的交通越来越发达,各国之间的贸易往来及旅游业迅速发展起来,在这样的大时代背景下,餐饮业得到了较大的发展,并且服务质量成了体现竞争力的重要环节,可以毫不夸张地说,欧洲餐饮业将"吃"的优雅艺术体现得淋漓尽致。

2.美国餐饮业的发展

美国则与欧洲大陆截然不同,虽然美国这片土地早期有大量的欧洲移民,其中以英国人尤为甚之,所以其餐饮业在发展初期带有浓厚的欧洲色彩,但是因为美国人口构成的多元化及其文化本身的开放性和包容性,所以美国餐饮业在后期也逐步脱离了欧洲的艺术饮食模式，慢慢形成了自己鲜明的特点，其中以在西部拓荒时期所形成的牛仔简餐、酒吧最具有代表性，之后随着美国经济的发展，人们生活节奏的加快，这种简餐文化迅速在全球风行起来，如麦当劳、肯德基、汉堡王等快餐品牌的连锁店成了美国餐饮业最为鲜明的旗帜。

3. 中国餐饮业的发展

至于中国，虽然餐饮业出现的时间和原因与欧洲大致相同，但是因为其饮食文化的博大精深，所以形成了独具中华特色的餐饮业发展之路，如果说欧洲餐饮业追求的是"吃"的艺术，那么几千年来中国餐饮业则是在追求"味蕾的盛宴"这条道路上越走越远。

众所周知，华夏民族传统文化源远流长，饮食文化更是其中不可分割的一个重要组成部分，而餐饮业则是饮食文化最为重要的载体。追根溯源，我国的餐饮业最早起源于秦汉时期，距今有两千多年的历史，因为当时的中国地广人稀，交通极为不便，为了方便穿梭于各个州县传递官府公文的官差，官府在途中为这些官差专门设立了饮食和住宿的场所，这就是当时的官方驿站。秦始皇统一六国之后，随着货币的统一及系列政策的出台，民间逐步开始出现了钱货交易，而其中食物的交易则由官方驿站慢慢扩散到了民间，这便是中国餐饮业最早的雏形。

汉唐时期，国泰民安，无论是交通还是商业都较先秦时期有了较大的进步，客舍、酒店、驿亭、食肆等相继涌现，餐饮业在这一时期逐步发展成为独立的行业。与此同时，饮食烹饪技巧的大幅度提高也从侧面推动了当时餐饮业的快速发展，由此可以说，这一时期是中国餐饮行业的形成和快速发展时期。

随着中国饮食文化的不断发展，饮食烹饪方法与地域特色相融合，逐步形成了鲁、川、苏、粤、浙、闽、徽、湘等八大菜系，这些具有地方特色而又富有变化性的饮食文化成了餐饮业不断向前发展的重要依托，因而在后来相当长的一段时间内，餐饮业都处在稳步向前发展的状态，在这期间因为战乱、生态环境的变化，以及民族融合等因素的影响给饮食文化带来了不小的冲击，但是并没有对餐饮业带来根本性的变革。直到"中华民国"初年，持续了两千多年的封建君主专制被彻底推翻，与此同时，西方列强侵略中国，国内局势动荡不安，许多人离开祖祖辈辈生活的原居地举家进行迁移，这种大规模的迁移促进了各地饮食文化的相互融合，并且西餐厅等也逐步进入我国的餐饮业市场，整个餐饮业进一步朝多元化方向发展。

纵观整个餐饮业的发展史，虽然各个地区的行业特色各有差异，放眼全球餐饮业，我们依然能看到餐饮在行业中有着如下共性。

1）公众性

因为餐饮业是民众日常饮食的有益补充，其本身就隶属公共消费的一个行业，普通民众成为这一行业的主要消费人群，大众需求成为本行业发展的原动力，如何最大限度地满足民众需求、便捷民众的生活成为该行业营利的关键点，因此公众性就成了这一行业最鲜明的特征。

2）综合性

餐饮业虽然是以售卖饮食为其基本职能，但是食物的品质并非是对其评价的唯一标准，包括所处地理位置的交通状况、餐厅的服务质量、空间环境与餐厅所营造氛围等相关因素都直接影响着人们对其的评价，由此可见餐饮业的综合性极强。

3）需求异质性

虽然餐饮业是面向广大群众的，但是每位客人的消费需求存在一定差异性，如何在大众性与需求异质之间寻求平衡，在普遍适合于大众的同时最大限度地满足个体要求成了行业向前发展亟待解决的问题。

4）实时性

餐饮业是服务业的一类，它并不同于一般的消费品行业，它的产品消费与餐厅所提供的服务基本上是同时进行的。当整个服务完成时,消费也就基本结束,因此,餐饮业的实时性非常强。如何在有限的服务时间里给客人留下良好的感受是影响其能否长期维持发展的重要因素。

1.2
餐饮空间概述及构成

1.2.1 餐饮空间的概念及特点

餐饮业的构成中有一个必要条件是:须具有固定的服务场所,可容纳相应的烹调、服务设施并能现场为顾客提供服务。这个固定的服务场所就是餐饮空间。

餐饮空间具备如下特点。

1.以经营为目的

本书所指的餐饮空间并不单指能进行就餐活动的场所,而应当为餐饮业服务,是进行相关商业活动的固定场所,它为餐饮经营提供了物质空间的保证。

2.空间形态多样

餐饮业从其本身来看,就是一个相当多元化的行业;从其服务范围来看,大致涵盖了正餐服务、快餐服务、饮品服务以及其他服务等。每类服务在服务方式、经营内容、目标客源等方面存有差异,因而相应的空间要求也有着较大的区别,为了满足这种需求上的差异,所以在物质空间的选择上无论是大小、组合方式或者是设计与塑造都有着较大的不同,有时候因为经营的需求,餐饮空间不再拘泥于室内空间。

3.具有休闲放松的性质

餐饮业发展到今日,已经不再局限于为民众提供食物以满足其温饱,更多的时候它已经成为人们日常生活中的重要一环,而餐饮空间除了满足供民众享用餐点和享受服务的这一基本职能之外,它还同时满足为顾客提供沟通、交流、放松、减压等空间的功能。因此,现在的餐饮空间多具有一定的休闲放松性质,是综合性极强的空间。

1.2.2 餐饮空间的构成及分类

一、餐饮空间的构成

餐饮空间的形态虽然呈多样性发展趋势,但因其根本职责的局限,所以餐饮空间的组合形式无论怎样变化都应涵盖以下四大基本功能区。

1.就餐空间

就餐空间在整个餐饮空间中有着至关重要的地位,它是顾客进餐及享受服务的空间,也是顾客停留时间最长的区域,这一空间的营造与顾客的消费体验有着密切的联系。从空间位置上来看,就餐空间一般处于整个餐饮空间的正中心,所有的流线都在此处进行汇集和转化。因此,就餐空间是整个餐饮空间的枢纽,是整个餐饮空间设计的重中之重。

2.烹饪操作空间

一般来说,在大多数的餐饮空间里,烹饪操作空间对于顾客来说属于隐形空间(极少数特殊餐厅如日式铁板烧餐厅除外),但却是整个餐厅的食物储藏、加工和生产部门,它与整个餐厅的利润有着最为直接的关系。如何对烹饪操作空间进行设计,在安全、卫生的前提下有效地便捷服务人员、促进工作效率的提升则成为这一空间设计时主要需要考虑的问题。

3.服务工作空间

餐饮业与食品加工零售业最为显著的区别就在于餐饮业由提供食品与服务二者共同构成。服务工作空间虽然空间面积有限,但必须要便于服务人员各项工作的顺利进行。

4.公共空间

所谓公共空间,从字面上对其进行解释是指顾客与餐厅业者及服务人员所共同使用的空间。通常情况下,餐厅内的公共空间主要由两大类构成:其一是餐厅各功能区域之间的连接空间,其二是为了餐厅更好地进行经营的辅助性功能空间(如洗手间等)。这两类空间的共同点是:虽然都不能直接创造利润,且占用了经营场所的部分面积,但却是整个餐厅空间环境必不可少的一部分,否则会扰乱整个餐厅的经营秩序。在这样的情况下,公共空间既要满足使用者的使用需求,又要占地面积小,这就要求设计者在对空间进行整体规划时从使用者的感受及需求出发,结合人机工程学的相应原理,尽可能地把功能进行整合,以便更好地对空间进行利用。

综上所述,以上的四类空间通过不同的组合形式构成了形式多样、风格迥异的餐饮空间。

二、餐饮空间的分类

根据不同的分类标准,餐饮空间可分为不同的类型。

1.根据经营方式进行分类

随着生活水平的不断提升、生活节奏的不断加快,人们对饮食方式的要求也呈多元化发展趋势。为了顺应这一发展,餐饮业也日益多样化,根据经营方式的不同大致可以分为单点零售餐厅、套餐组合餐厅、自助餐厅,每类餐厅因其经营方式的不同,针对的目标客群也存在着较大的差异,这也就意味着客户的需求有着鲜明的区别。在进行餐饮空间设计时,设计者应抓准顾客的需求,有针对性地进行设计。

2.根据规模大小进行分类

餐饮空间因为经营形式多样、档次不一,所以在规模上存在着较大差异,小到十几平方米,大到几千平方米都不足为奇。设计者在对餐饮空间设计时,规模大小直接决定了内部空间划分以及装饰手法的应用。

一般来说,面积在 100 ㎡ 以内均属于小型餐饮空间。这类餐厅在空间划分时侧重于在有限的空间里尽可能地满足所有的功能需求,在整体设计风格上则多选择较为简约的风格,以避免因过多的装饰导致本就有限的空间显得更加拥挤。

一般来说,面积在 100～500 ㎡ 之间属于中型餐饮空间。这类餐厅在空间划分时较为注重功能空间之间的合理配比,以达到空间利用效率最大化这一目的,在设计上更多侧重于空间氛围的渲染,即通过色调及装饰材料的运用突出餐厅的整体风格,体现餐厅的精神内涵。

一般来说,面积在 500 ㎡ 以上的属于大型餐饮空间。这类餐厅的空间大、功能分区复杂,所以在空间划分时格外强调空间的组合关系和序列感,以及空间与空间之间的衔接关系、动线组织。关于大型餐饮空间的室内设计部分,设计者主要是利用色彩、灯光、构造方式变化与统一达到特色空间塑造与整体环境的最佳平衡。

3.根据经营内容进行分类

1)中餐厅

中餐厅(见图1-1)主要经营中式菜肴,在空间氛围营造上多侧重于体现中国传统文化,希望顾客在就餐过程中除了能品尝到美味佳肴外,还能领略到中国传统文化之美。

图1-1 中餐厅

2)西餐厅

在我国,西餐厅(见图1-2)主要指欧式餐厅,以法式、意式为主要代表,但是近年来许多西餐厅为了迎合国人口味在菜品的烹调方式上融入了中餐的料理手法,形成了"fusion"的新式西餐,但无论是传统的西餐厅还是"fusion"的新式餐厅,在装饰上大都追求欧式风情的华贵与浪漫,多以柔和的灯光结合华丽的装饰共同营造温馨优雅的氛围。从空间分隔来看,西餐厅不同于中餐厅,中餐厅大多将餐桌置于开敞空间,西餐厅更多的是利用高靠背沙发、装饰物、软质隔断等方式将大空间划分为若干半私密空间,以保证顾客在进餐交谈时不会相互干扰。相对于进餐来说,西餐厅更多的是满足为顾客提供社交场所这一职能。

3)快餐厅

所谓快餐,其实是为了适应快节奏的生活而产生的一种简餐模式。快餐厅(见图1-3)最早起源于美国,近年来在世界各地得到了广泛发展。快餐厅的"快"主要体现在后厨的出餐速度快及顾客的进餐时间短,这是餐饮业中客户轮转效率最高的一种形式。正是因为快餐厅的特殊性,设计者在设计时应以功能为主导:在后厨的设计上,力求动线清晰、操作空间合理有序,以便能提升工作效率满足"流水线式"的餐点制作模式;在客户用餐区的设计上,应追求空间利用的最大化,以便在同一时间内容纳下尽可能多的顾客。与此同时,设计者在设计

图 1-2 西餐厅

快餐厅时,远不如其他类型餐饮空间的细致,大多是采取明亮的灯光、简单的装饰、明快的色调,追求粗线条、简约式的美。

图 1-3 快餐厅

4）特色餐厅

特色餐厅是近年来较为流行的一种餐厅形式。市场上的特色餐厅主要有两大类：风味特色餐厅和主题特色餐厅。

风味特色餐厅主要经营特色菜肴，主要以地域特色菜肴、地方美食作为主要卖点，如阿拉伯餐厅、泰式餐厅（见图 1-4）、韩式烧烤餐厅、日式料理餐厅等。为了配合菜肴的特色，这类餐厅在空间营造时多融入了地域文化特色，无论是在空间布局还是在设计元素提取上均以当地的传统文化和特色习俗为依托，如日式料理餐厅常采用榻榻米式餐桌，阿拉伯餐厅里常用水烟作为装饰元素等，这都是为了结合餐厅菜肴进一步强调餐厅的特色，让其在日益激烈的竞争中能脱颖而出，从而获得更大的收益。

图 1-4　泰式餐厅

主题特色餐厅是在一般餐厅的基础上赋予空间环境一个特定主题，所有的空间营造以及室内装饰从材质选择到灯光、造型等都必须围绕这一主题进行，所有的装饰设计均是为了唤起这一主题喜爱者的认同，希望通过心理上的认同以吸引他们前来消费。如果说风味特色餐厅售卖的是菜肴，环境只是其附属和强调的话，那么在主题特色餐厅里，环境则是主要卖点，它们主要依靠环境的特色在竞争中立于不败之地，因此这类餐厅的设计要求相对较高。

5）咖啡厅、茶馆

咖啡厅（见图 1-5）、茶馆是对中、西餐厅这类提供以正餐为主的餐饮空间的有益补充，它们主要经营各类饮品及配套点心，同时为顾客提供社交、交流的场所。这类餐饮空间，相对于提供正餐的餐厅来说面积较小，但是在设计上非常注重品质与细节，追求"小而精、小而雅"的美，力求为顾客提供一个宁静、优雅、惬意的休闲空间。

图 1-5　咖啡厅

6）甜品店

　　甜品店（见图 1-6），顾名思义以售卖甜点为主，它和咖啡馆、茶馆一样，和售卖正餐的餐厅有着较大的区别，由于男性与女性对于甜品的偏好存有一定的差异，所以甜品店多以女性和儿童为主要目标客群，在室内装饰上多采用明朗、活泼的暖色调，同时结合一些风格清新的饰品来营造一种活泼、温馨的氛围。同时，甜品因为其本身造型、色彩就具有较强的视觉冲击力，特别是一些精致的西式糕点，如以鲜艳的颜色、精巧的造型闻名于世的法式甜点"马卡龙"等。大多数甜品店会将其产品陈列、展示区域放在相当显眼的位置：一方面是顾客点餐的需要；另一方面则是希望这些点心成为甜品店里装饰的一部分，通过产品与氛围的相互衬托刺激消费者的购买欲望。

图 1-6　甜品店

7）宴会厅

宴会厅（见图1-7）是综合性的餐饮空间，是集提供餐点、服务以及活动庆典空间等多重功能为一体的场所，它设置于档次较高的酒店内，常用于各类庆典、大型活动和大规模聚会等。一般来说，宴会厅的空间面积较大，空间灵活度高，且室内几乎无硬质隔断，以便根据不同活动的需求对空间进行灵活分割和变化。同时，宴会厅内还设置了小型舞台，以便举行各类礼仪庆典活动。

图1-7　宴会厅

在室内装饰上，宴会厅不像一般的餐厅具有鲜明的装饰特色，而是采用简单、大方、高贵的设计风格，以便后期再根据各类礼仪活动进行二次装饰时不会产生风格冲突。

8）酒吧

酒吧（见图1-8）是餐饮空间里最为特殊的一类，从其经营内容来看，它以售卖酒精类饮品为主，同时连带提供佐酒的点心、小食。和普通的餐饮空间相比，酒吧"食"的属性所占比重非常小，却有着极强的娱乐属性。设计者在设计酒吧时，除了重点设计吧台外，其室内灯光氛围的营造也是不容忽视的设计环节。

图1-8　酒吧

1.3
餐饮空间的现状及发展趋势

随着社会经济的不断发展,餐饮业在人们生活中所占位置日益重要。在餐饮空间中,人们已经不再局限于对菜品的要求,反而对空间环境、心理感受及服务体验等有了更多诉求。为了顺应这一发展趋势,餐饮空间已经从单一的向顾客销售食品和饮料的空间逐渐发展成为推广饮食文化、体现人文内涵的新型文化空间,这就要求设计者能根据空间使用性质,运用美学原理和技术手段,结合各类不同材质的特性创造出功能合理、使用舒适、形式美观并且能反映其文化内涵的空间环境。在这样的背景下,空间装饰方法也随着空间内涵的变化而不断向前发展,主要呈现出如下几种趋势。

1.功能复合化

随着餐饮业的不断发展,餐饮空间已经发生了巨大变化,饮食、娱乐、交流、休闲多种功能的交融已成为餐饮业发展的大方向。在这样的情况下,餐饮空间从满足人们口腹之欲的场所转化成现在多元化、复合性的功能空间,这种转变正好迎合了人们喜欢多样化,追求新颖、方便舒适的美好生活的愿望,是与时代发展和大众需求相契合的。

2.空间多元化

现代餐饮空间的功能越来越多样化,为了与之相匹配和适应,各类餐厅的空间形态也呈日益多元化趋势发展,在中、大型餐饮空间中,常以开敞空间、流动空间、模糊空间等为基本构成单元,结合上升、下降、交错、穿插等方式对其进行组织和变化,将其划分为若干个形态各异、相互连通的功能空间,这样的组织方式可以使得空间层次分明、富有变化,让人置身于其中,能充分体会空间变化的乐趣。

3.信息数字化

随着科技的发展,信息数字化已经渗透人们生活的每一个角落,餐饮空间也不例外。在许多主题餐厅里,利用数字媒体或者计算机控制的装饰物被广泛应用,有些以数字化媒介装置作为物品或信息传递的主要途径,如一些特色餐厅里会使用到贯穿于整个空间的"水道",以此实现菜品的全自动运输。还有一些餐厅为了减少信息传递的误差,节约传递时间,提升工作效率,所以选择全计算机系统进行服务信息的传递,餐饮空间随着这些数字化方式的渗透也变得越来越便捷和人性化,这对餐饮业的发展无疑是有良好推动作用的。

4.材料绿色化

随着城市化进程的不断加快,生活在水泥钢筋混凝土里的人们离大自然越来越远,但正是因为这样,人们对健康环保的渴望也日益强烈,也更加向往大自然,追求低碳生活。正是因为人们的这种追求,所以促使设计者在进行餐饮空间设计时不得不考虑如何营造更为健康生态的空间,一部分餐厅开始将室外的绿色景观引入室内餐饮空间中,但这只适合于某些特定主题的餐饮空间,而更多的时候则是在设计时通过选择环保、健康的材料,尽可能选用自然材料对整体空间进行装饰,以达到营造健康的空间环境这一目的,在现代餐饮空间设计中,选材是非常重要的一大环节。

5.手法多样化

　　餐饮空间设计是随着整个行业的进步不断地向前发展的,为了适应发展、满足使用者的需求,所以设计者在设计手法上不断创新,力求运用多种设计手法来营造最佳的用户体验餐饮空间。近年来,交互设计法、数字化设计法、信息可视化法、景观室内化设计法等都逐渐被应用到了餐饮空间设计里。

第2章

餐饮空间的组织与各类设计要素

CANYIN KONGJIAN SHEJI

2.1

餐饮空间的总体布局设计

2.1.1 餐饮空间的设计需求分析

随着社会经济的发展、人们生活水平的不断提高,人们对"食"的要求也越来越高,而这种要求已经不单只体现在食物的品质上,更多时候上升到对饮食环境的要求上,并且涵盖了功能、形式、氛围等各个方面,这也就促使了餐饮空间日趋朝着空间复合化、功能多样化的方向发展。在这样的背景下,设计者要想更快更好地完成餐饮空间设计,就必须切实了解使用者的需求,以顾客需求作为设计的基本出发点,并结合操作者与服务人员的切实需要,让设计为人服务,从而真正达到人与环境的和谐统一。

使用者对餐饮空间的设计需求主要有以下两点。

1. 使用者对餐饮空间的使用功能需求

使用功能即人在使用空间时的基本物质需求,与人在使用空间时的方便与舒适程度密切相关,属于人的生理需求范畴。

在餐饮空间设计时,满足使用者对空间的功能需求是良好设计的基本要求,而餐厅的使用者主要由顾客和餐厅服务人员构成,这两类人群对餐饮空间的使用功能需求既有区别又有联系。对于顾客而言,希望进餐时空间环境整洁、尺度适宜,空间中座椅较为舒适,桌椅之间的摆放位置相对合理。与此同时,在整个空间中还应具备相应的配套公共设施,这一要求在弱势群体消费客群上体现得尤为突出,因为这类人群本身身体上的缺陷或是行动上的不便利,抑或是因处在特定时期的特殊需求,所以在空间功能上需要有针对性地设置一系列无障碍设施,如针对残障人士的坡道、无障碍电梯、无障碍厕所,针对老年人的扶手,针对婴儿的哺乳育婴室等,从而为这类特殊人群在餐饮空间内的活动提供便利。

对于餐厅服务人员而言,餐饮空间是其工作场所,在空间功能的需求上则更要注重操作空间设计的合理与安全。如在后厨部分,物品存放空间与料理操作空间应间隔较近且分区清晰,备菜区与烹饪区的位置应设置合理,以便提高工作效率等;在前厅部分,则要求室内动线清晰、便捷,以便服务人员可快速地进行传菜等服务工作。服务操作空间如水台等位置,与就餐区的距离不能过远,以方便服务人员更好地为客户提供服务,从而提升服务效率等。

为了更好地满足两类主要使用人群的空间功能需求,设计者在进行餐饮空间设计时要把握好空间内各项物理要素,利用人机工程学的基本原理处理好空间各要素之间的关系,对空间进行合理配置。

2. 使用者对餐饮空间的心理及情感需求

餐饮空间设计与人的行为活动、心理活动有着紧密联系,而其中满足人的使用功能只是最基本的要求,能满足使用者,尤其是顾客的心理需求才是内在的、深层次的需求。使用者的心理需求与其行为习惯、消费目的和消费心理息息相关。例如:对于在工作空隙单独进餐的人来说,其消费目的主要为充饥,因此在选择餐厅时多会选择快餐厅,其基本需求是出餐速度快,用餐空间洁净、舒适;如果三五好友相聚,其主要的消费目的为聚会交流,若都是年轻人,那么就会选择既能提供一定的交流空间又具有趣味性和特色的餐饮空间;如果是商务宴会,其消费目的偏重于商务洽谈,因此对餐饮空间的要求偏向于环境的安静舒适及档次;如果是一对情侣约会就餐,其主要的消费需求是情感交流,因此往往更倾向于空间相对较私密且氛围浪漫的西餐厅。

综上所述,设计者在设计餐饮空间时,必须综合各项因素分析使用者对环境的认知和体验,从使用者的视角出发对空间进行组织和装饰,从而使餐饮空间能更好地契合使用者的心理需求。

2.1.2　餐饮空间的空间布局

餐饮空间本身既是顾客的消费空间,也是服务人员的工作空间,如何结合这些不同的功能对餐饮空间进行重构与组合,对餐饮空间的有效利用及整体环境塑造有着极为重要的作用。设计者在设计餐饮空间时,首先要对餐饮空间进行合理划分,即对餐饮空间进行功能分区与布局。

餐饮空间室内功能的分区要根据其本身的空间特点,同时结合各类使用者如顾客、服务人员、经营者的使用需求和内在期望,结合餐厅定位和经营方式,共同对餐饮空间进行面积配比和空间位置划分,这对设计者来说是一个相当大的考验,因为这种空间设计是以个性分析和基础数据为依托的理性分析过程,而非只凭直觉的感性认知行为,所以要求设计师具备较强的综合素质和分析能力。一般来说,对餐饮空间设计的推导过程大致如下。

1.功能分析

从空间性质来看,餐饮空间是由多个功能区域共同构成的经营性场所,虽然说餐饮空间大都由服务工作空间、就餐空间、烹饪空间、公共空间四大类构成,但是根据其经营内容、经营性质和方式的不同,所包含的功能空间以及每个功能空间的大小都存在着一定的差异性。因此,设计者在对餐饮空间进行整体空间布局时,应当依据前期的目标客群定位以及餐厅的经营定位分别列出顾客及服务人员的使用需求,并对二者的需求交叉处进行归纳与合并,从而得到该餐饮空间所应包含的实际功能,并推导出所对应的功能空间。功能分析决定了空间设置的合理性。

2.面积配比

面积配比是合理优化空间资源配置、提升空间利用效率的关键点所在。设计者在得出应配置的功能空间后,需要进行餐饮空间的面积配比,这时要根据整体空间的尺度、单一功能空间对经营的影响、单一功能空间的重要程度以及使用频率、单一功能空间的空间承载量等多重因素对空间进行分析,并绘制气泡图,代表各功能空间的气泡之间的大小比例关系决定了餐饮空间的面积配比。

3.区域位置划分

这一步是在整体空间里根据功能配置及面积配比进行区域位置的划分,一般遵循就餐空间在前、烹饪操作空间在后、服务空间与公共空间在二者之间穿插安置的基本原则。首先,对餐饮空间整体进行前后区域划分,这种前后关系并不是绝对的,而是以主要入口为基准进行界定的,是一种相对具有主次意味的空间关系。其次,常将烹饪操作空间设置在后半部分空间里,在前半部分空间里先对与顾客使用紧密联系的就餐空间进行位置划定。一般来说,就餐空间占据整个餐饮空间的中心位置,是一个空间连贯、占地面积较大、与其他功能空间互有连接的区域。最后,对服务空间和公共空间进行划分,这类空间多安排在较为角落的位置(前厅除外),服务空间位置划分与餐饮空间使用的便利性有着重大关系。

4.动线设计及功能区调整

这一步是根据功能空间的位置进行连接设计,即动线设计。动线设计要尽可能地将服务人员与顾客进行分流,同时在功能空间的转换处要处理好动线转化的衔接点,并尽可能地将服务路径控制在最短,在保证所有功能区连接顺畅的同时提升服务效率。动线设计初步完成后,在不打乱整个空间格局与秩序的前提下,设计者可根据动线的排布,对功能空间的位置及大小进行略微调整,调整完成后对餐饮空间的空间布局才算基本完成。

2.1.3 餐饮空间的分区设计

餐饮空间的整体空间布局完成之后,接下来要对每一个不同的功能空间进行分区设计。这一阶段是对基本空间环境进行塑造的阶段,设计者进行分区设计时既要满足空间功能,也要在统一和谐的前提下寻求各个分区的特色。

1.就餐区

在大多数餐饮空间里,就餐区占地面积最大。就餐区是餐饮空间内进行经营活动的主体。从就餐区这一单一功能区来看,其平面布局应当注意动静空间的划分、空间虚实关系的把握,采取主次分明、重点突出的布局方式。设计者进行整体空间设计时,要注意空间的开敞性与私密性的尺度,这种空间的开敞性与私密性是通过座椅摆放或墙体、隔断的设置共同构成的,常见的形式有以下几种。

1)散座

散座一般布置在就餐区中间,用以满足大多数普通散客的用餐需求。在布置散座时,应充分考虑用餐单元的尺度对比,通过桌椅的摆放形式、间距的区分将不同使用者的活动空间和动线进行划分,而不同类型的餐饮空间中散座的形式也有一定的区别。例如:中餐厅里多以圆桌为主;宴会厅应在散座中设置举办各类庆典及礼仪活动的舞台;甜品店、咖啡厅等餐饮空间内散座多以两人座、四人座等小型就餐单元为主;西餐厅则更为强调空间的私密性,因而单个就餐单元既要相互独立又要具有一定的联系;韩式烧烤餐厅每一就餐单元都应配套设置烟道以便对油烟进行及时排放;日式铁板烧餐厅以一个铁板烧烹饪台为基本单元,散座围绕其四周进行布置。

设计者在布置散座时,一定要结合该餐饮空间的特性以及整体空间对其进行合理的布局。

2)卡座

一般餐厅的公共就餐区如大厅等不适宜设置完全私密的空间,这样会将原本较完整的空间零散化,大幅度降低空间的利用效率,但是在一些主题餐厅或西餐厅中,顾客除了基本的用餐需求之外,还期望空间具有一定的专属性和私密性以便为其提供具有安全感的交流场所。在这样的情况下,设计者常利用家具、视线穿透性较好的隔断或是地面抬升等方法对视线进行一定阻隔,以便对空间划分进行强调,最终在大厅中形成相对独立或者呈部分围合状的小型就餐区域,这便是卡座,有时也称情侣座或雅座。

3)包间

包间也叫包房,它是完全闭合的,是通过墙体或者其他硬质隔断在餐厅构筑出的完全私密的用餐区域。包间大小没有一定限制,根据其载客量进行界定。为了保证包间的完全私密性,设计者对包间进行间隔以及墙面装饰时要尽可能地选择隔音材料,避免包间与包间之间相互干扰。同时,在包间内部环境设计时,对其功能的考量已经不能只停留在用餐,而是要考虑相应配套设施的设置如衣帽放置功能区域、备餐间及独立洗手间的设置等;在包间的装饰上,既可以采取统一的装饰风格,也可以在与整体空间氛围相统一这一大前提下对其进行变化,以每一独立包间作为设计单元设置不同主题并根据主题进行装饰,最终形成一套风格相近且各具特色的系列包间。

就餐空间就是通过以上三种不同形式的变化与组合共同构成的。这样的构成方式有以下两个特点:一方面,增强了空间的层次感和灵动性,丰富了空间类型,更好地满足了顾客的使用需求;另一方面,通过这种疏密有致、大小不一的空间组合形式,尽可能地将有限的空间进行最大化利用。

从就餐区与其他功能区的关系上来看,就餐区应与其他功能区紧密相连,如就餐区与烹饪操作区在空间上应紧密相接,在动线上路径较短、衔接流畅,以便能促进二者之间的信息传递,缩短上菜的距离与时间。又如,就餐区与服务操作区的设置应采取紧密连接和穿插设置相结合的布局方式,收银台应与就餐区相邻且设置在就餐区视线范围所及的空间内,而服务操作区应在用餐区内穿插设置,以方便服务人员能兼顾到各方位的顾客需求,可有效提升服务效率。再如,就餐区与公共区域虽然不用完全邻近相接,但也应标识指示清晰便于到达,以便满足顾客在用餐之外的其他使用需求,全面提升顾客的消费体验。

2.烹饪操作区

烹饪操作区即后厨,是集验收、储藏、备料、烹饪为一体的复合空间,其空间布局设计与整个后厨的工作效率有着紧密联系,好的烹饪操作区设计必须要在工作者、操作空间及整体环境三者之间找到最佳平衡点,这就要求设计者在设计过程中系统分析、全面考量,以安全、便利、高效为最终的设计目标。从整体空间分布来看,烹饪操作区一般占整个餐饮空间的1/3左右,当然这会根据餐厅的规模大小、经营性质、餐厅档次和服务理念等进行上下调整。

烹饪操作区从大体上可分为以下几个部分。

1)验收区

验收区是对采购来的食材进行验收和分类的区域,其占地面积较小,应当与卸货区与储藏区相邻。从设计上来看,验收区应保持整洁明亮,灯光宜采用白炽灯,以便于更好地验货,地面可选择较为平整光滑的材质进行装饰:一是易于保持地面的清洁卫生,二是便于拖车拖行货物。值得注意的是,这一区域隶属烹饪操作区,服务人员难免在行走过程中会带油或水到验收区来,因此在施工时应对地面进行防水、防滑处理,以免服务人员在工作时出现意外。

2)食物储藏区

食物储藏区是食材进行存放、储存的区域,其面积大小根据餐厅的整体规模以及顾客轮转率决定,其空间位置应与验货区相连,与加工区分离但空间距离宜较近。食物储藏区一般包括常规储藏区及冷冻、冷藏区两部分。常规储藏区一般用于存放蔬菜、罐头、调味品以及干货等,这一区域需要放置高度合理、间隔适宜的货架,并配有一定数量的干燥密封容器,以便保存一些易受潮的食材,并且这一空间要做好相应的通风、防潮处理,尽可能地延长食物的保存期限,减少不必要的浪费。冷冻、冷藏区是用来存放酒品、饮料、调料、肉类、海鲜等恒温食材。冷冻、冷藏区可与常规储藏区分开设置。使用者在选择冷冻、冷藏设备时,要充分考虑空间大小、餐厅的备货习惯及经营状况,同时在设备的置放位置以及开启方式的设定上都应符合厨师的工作习惯,以便为其工作提供便利。

3)加工区

加工区是食材烹饪的准备区域,包括洗菜、切菜、配菜等多种功能。设计者在设计加工区时应注重空间尺度的安全、合理,并配备相应的加工设备,为烹饪的前期工作提供相应的空间和设施的支持。从空间位置来看,加工区应与烹饪区紧密联系,二者之间有完整、流畅的通道,便于形成完整的生产体系。如果二者之间的通道被打乱,则会破坏应有的生产秩序,降低出餐速度,使顾客的满意度下降,这对整个餐厅的声誉或者利润都会造成负面影响。

4)烹饪区

烹饪区是对已经加工好的食材进行烹调制作的区域,是菜品或食物最终制作完成的地方。设计者在设计这一区域时,要配置相应的烹调设备如炒锅、烤箱、蒸锅等,这些设备的放置位置要根据使用频率结合厨师的使用习惯进行设计,烹饪区还要设置相应的排烟设备(冷餐和西点制作区域除外),以便排放油烟。设置排烟设备的好处:一方面是为了保持厨房的干净整洁;另一方面是为了改善厨师的工作环境,提升工作效率。

3.服务操作区

服务操作区,是指服务人员进行服务准备、对顾客诉求进行相应处理的区域,本书中主要指不包含后厨在内的所有服务操作空间。在空间布局中,服务操作区应与餐饮空间相临近或者在餐饮空间内穿插设置,常见的服务操作区有如下几种。

1)收银台

收银台是顾客结账的地方。大部分餐厅的收银区也兼顾了顾客咨询服务这一功能。收银区多占地面积较小,独立于就餐区以外单独设置,但是一般设置在较为显眼的位置或者在就餐区内有明确的标识对其位置进行指示。收银台涉及钱款的存放、算账等功能,服务员多是坐在收银台内收银而顾客则是站立于收银台外付款,基于以上种种因素,收银台多设计成内外两层,使台面内低外高:一来满足不同使用者的尺度要求,二来保证收银空间内部的私密性。与此同时,收银台是大部分顾客都会到达甚至需要进行短暂停留的区域,因此可将整个餐厅的视觉形象或者品牌 logo 与收银台进行结合设计,利用这个"必然会被看到"的空间强化顾客的记忆,从而达到进一步宣传的效果。

2)备餐台或备餐间

备餐台或备餐间是服务人员对顾客进行服务的准备区域。从空间位置上来看,备餐台或备餐间是烹饪操作区与就餐区之间的中转站,在散座这类用餐空间里,备餐台的布置尽可能与服务流线相连接,整体呈平行趋势,可减少服务人员绕行的距离,以便提高服务效率。在包间这类用餐空间里,多采取备餐间这种空间形式,它是依附于包间设置的小型独立服务空间。在设计备餐间时,设计者应尽可能地采取双向开门的空间进入方式,一面连接过道,一面连接包间,这种开门方式使得整个备餐间既可以附属于包间,也可独立成单一空间,这样一来既方便服务顾客,同时在服务人员从事传菜等工作时避免了不断进出包间而打扰到顾客用餐、谈话。

3)酒水区

酒水区即为顾客提供酒水服务的共同区域。在一般的综合性餐饮空间特别是中小型餐饮空间中,为了节省空间,酒水区常与收银台结合设置,但是在酒吧这类特殊的餐饮空间里,酒水区则具有相当重要的地位。这类酒水区是由吧柜、饮品制作区、吧台、吧椅等共同构成,常置于餐饮空间中较为显眼的位置,占地面积较大,它除了是服务操作空间之外,还集进餐、交流、展示等功能于一身。因此,在这类空间中,灯光设置以及氛围渲染成了整个空间设计的重中之重。

4.公共区域

公共区域与其他三类功能区的最大区别就在于它是顾客与服务人员的公用区域,具有双重属性,也正是因为这样,所以,要求设计者在设计时能不断转化视角兼顾两类主体人群的需求,设置空间尺度合理、功能完善、流线顺畅的公共空间。

1)候餐区

许多生意火爆的餐厅在高峰时段,餐桌的轮转率可达到两三轮,那么这就意味着在前面顾客进餐时,后面的顾客会进行排位等候,那么这时就需要候餐区。一般来说,候餐区都会安置在餐厅入口处,有的与餐厅外的公共空间结合设置,有的则直接设置在餐厅入口前厅处。候餐区如果设计得不合理,则会直接导致餐厅门口人流拥挤、嘈杂,从而流失顾客。所以,候餐区其实是餐厅对外的一个重要平台,良好的候餐区设计有助于顾客对餐厅满意度的提升,有助于餐厅品牌形象的建立。

其实,候餐区最好设置在餐厅入口前厅处,可单独划分出一块区域,并设置相应的休闲空间供候餐者等候,同时在入口交界处设置相应的软质隔断,从而形成相对独立的空间,使候餐区对整个餐厅经营的影响降到最低,同时给等候者良好的消费体验。

2)入口区

入口区在整个餐饮空间的最前端,所占面积较小,却是整个餐饮空间的整体形象和空间氛围的集中体现。从空间位置上来看,入口区是外部环境与餐饮空间的过渡空间。设计者在设计这一空间时要注意内外空间的衔接关系,如光、温、声等综合信息的控制,进行空间内涵和意境的传达,从而给顾客带来宾至如归的感受。

3)通道区

通道区是整个餐饮空间内各不同功能区的连接空间,也是动线的外在表现形式,它是各个空间之间的衔接与过渡。通道区的设计应当结合前期整体设计中的动线设计,依据其功能、使用频率以及重要程度,根据人机工程学的尺度要求对其进行设计。

4)洗手间

洗手间是餐饮空间内必不可少的重要组成部分。从空间位置上来看,洗手间一般设在餐厅较为角落的地方或者尽头处,相对隐蔽,是整体空间划分大致完成后对零散空间的整合运用,其大小面积应与餐厅规模相匹配。随着经济的发展,顾客消费需求的不断提高,对洗手间这类配套设施的环境要求也越来越高。设计者在设计洗手间时,洗手间除了配置常规的便池、马桶等基本设施外,还应配置洗手台、镜子、干手器等配套设备,以便满足顾客的使用需求,同时还要考虑通风,以免造成因通风不畅导致洗手间留有异味。

设计者在设计洗手间时,除满足卫生及使用功能外,同样也需要精心设计:在色彩、灯光的选择上,要与餐厅氛围相匹配,在细节装饰时要注意与功能性、美观性相结合,特别是陈设物的选择要少而精,让其成为空间的点睛之笔;在材料的选择上,墙面应选择孔隙率低、便于清洁的材料,地面要选择具有防滑性能的材料,在确保安全性的情况下追求美观。洗手间在餐饮空间中虽然不属于主体空间,但是设计得宜会为整体空间增色不少,因此,设计者在设计洗手间时,一定要从功能出发,全盘考虑每一个细节,力求营造最佳的使用体验。

2.2
餐饮空间的流线设计

2.2.1 餐饮空间内流线的形成及作用

流线这一概念最早应用在建筑设计中,用来描述人或者某类特殊物体在建筑空间中移动的常规轨迹。随着时代的发展,建筑内部空间的功能日益复杂化,同一建筑内部的使用人群也日益多样化,因此,如何根据不同人群的需求来组织室内空间,做好各空间之间的分隔与衔接,以便对空间进行高效利用就成了设计中的重要问题,而这种衔接大部分是依靠流线实现的。

设计者在对建筑的室内空间进行流线设计时,其基本要求是保证各类人群以及物品的流线顺畅、便捷,同时在各类流线互不干扰的前提下对空间进行合理利用,减少空间浪费。本书中,室内流线在承担各功能区相互衔接的同时还起到对各类人群的走动,货品的运输、储藏、使用以及信息传递等之间的统筹与协作,从而做到人、物不混流,信息传达清晰、准确。

2.2.2　餐饮空间内流线的分类

在餐饮空间中,流线主要用于统筹空间以及协调人、物品、信息三者之间关系的。下面针对以上三大系统中的各条流线进行分类。

1.人行系统中的流线

1)顾客流线

顾客流线主要是指顾客在餐厅用餐期间所有的行为活动所形成的路径轨迹,主要集中在餐厅的前半部分区域,贯穿于入口区、候餐区、前台、就餐区(包含包间与大厅)、收银区以及洗手间等功能空间。一般来说,顾客流线的主要活动顺序是:顾客进入餐厅后,服务人员根据餐厅的上座率决定将顾客引导至候餐区等候或者直接引导进入就餐区;在进入就餐区时,根据顾客的需求结合当下运营现状带入包间、大厅;在就餐过程中,顾客可能会离席去洗手间,然后原路返回;在用餐结束后,顾客根据指示牌或者服务人员引导去收银台结账,最终离开餐厅。

设计者在对顾客这一系列的活动进行统筹以及流线设计时要做到以下几点。

第一,要根据人流的情况、使用频率结合人机工程学相关数据等来划分主、次通道。例如:候餐区与进餐区在流线上应连接顺畅,在空间上有所间隔,以便不会相互影响;大厅内的通道应尽可能地设在卡座与散座的边缘交界处,既可以利用通道将空间进行人为分离,同时又兼顾了散座和卡座的顾客,对空间进行了最大化利用。

第二,在进入就餐区时,将通往大厅和包间的流线分开设置。这样设计的好处有如下两点:一是可对顾客进行分流,避免人流量过大造成环境嘈杂;二是设置不同的流线是为了简化顾客的步行路径,为顾客提供方便。

第三,顾客结账后尽量安排顾客从专门的路径离开餐厅,避免顾客原路返回形成的路径迂回或者与其他客流形成交叉及相互干扰。

2)服务流线

服务流线是指服务人员为顾客提供餐饮服务的行为轨迹流线,在前厅和后厨都有涉及,但以前厅为主。

从空间关系来看,前厅与后厨的服务流线应是独立的,但二者之间应连接顺畅。在前厅中,服务人员为顾客提供的服务包含引导就餐、点餐、上菜、更换餐具、引导顾客结账以及对餐桌进行清理等。设计者在设计前厅服务流线时,可将引导就餐与顾客流线基本重合,顾客就座之后的服务流线设计应当包含就餐区与服务空间及烹饪操作区之间的贯穿衔接。例如:就餐区与备餐区之间应尽可能地缩短步行距离,以便能在最短的时间里传递菜品或者传递相应信息;餐中的传菜流线最好与顾客流线分开设置,以免二者相互干扰。另外,就餐区与服务台之间要具有较便利的通道连接,以便及时传递顾客需求等信息,从而提高服务效率。

3)消防疏散流线

消防疏散流线是人行系统中最为特殊的一条流线,虽然平常并不经常用,但是在紧急时刻(如火灾或者其他意外事故等)担负着为聚集于空间之内的人员提供逃生路线的重任,它是整个餐饮空间的生命线。因此,消防疏散流线的设计相当重要。

设计者在设计消防疏散流线时,要注意尽可能地避免对完整空间的打散,减少对空间的浪费。餐厅内部的疏散流线应与外部的逃生通道直接连接,直到疏散出口处,同时在疏散流线具有转折、岔路选择的地方应标出醒目的标识,以便人流迅速进行识别,从而提升疏散效率。

2. 物品运输系统中的流线

1)货物流线

货物流线主要指的是菜品、原物料、餐具等进入餐厅内部,并运往储藏、使用等区域的常规流线。这部分流线主要集中在后厨区域,贯穿验收、储藏、加工以及烹饪等功能空间。设计者在设计货物流线时,首先货物入口要与人行入口分开,同时验收、储藏、加工三大区域之间的路径要便捷、流畅,并尽可能地保证路线最短;主食、菜品、副食的操作流线要分开设置,以免造成干扰,影响工作效率。

2)垃圾流线

垃圾流线主要指餐饮空间内产生的垃圾向外运输的轨迹,前厅、后厨均有涉及,前厅主要是客人就餐后产生的垃圾,后厨则是原料挑选、加工时产生的垃圾。从实质上来看,前厅与后厨的垃圾运输流线应顺畅、统一,二者均会运往垃圾存放处,最终统一送往垃圾站进行处理。设计者在设计垃圾流线时,前厅的垃圾流线要与人行、菜品流线相分离,后厨的垃圾流线应与菜品烹饪操作的工作流线相分离。餐厅的临时垃圾存放处要靠近垃圾出口,且远离原料供应及食材存放的地方,并且要注意垃圾流线这一空间的通风和清洁,以免出现卫生问题。

3. 信息传递系统中的流线

信息流线是指餐厅内部各种信息流通与传递的路线。它包括前厅与后厨、顾客与服务人员之间的信息传递,这些信息传递的速度和准确性与餐厅的工作效率、服务质量有着紧密的联系。在现代的餐饮空间中,这些信息的传递一般通过服务流线以及现代化通信设备如计算机信息系统、对讲机等共同实现。

2.2.3 餐饮空间内部流线的设计方法

在餐饮空间设计中,流线设计是综合性非常强的一项设计内容。为了满足不同人群的使用需求,设计者应综合各方面的因素来考虑各条流线之间的关系。一般来说,设计者可从以下几个方面来考虑流线设计。

1. 以人作为设计基本出发点

人作为餐饮内流线的最为主要的使用者,其心理认知、感觉与行为习惯等都对流线设计有着重要的影响。因此,设计者在进行流线设计时,必须以人为本,让流线动向最大化地与人的行为习惯和心理活动趋势相契合:一方面能为人提供舒适的空间环境,另一方面也能提高室内空间的整体利用效率。

2. 注意流线与功能区之间的相互关系

流线在餐饮空间里本就是分析功能、组织空间之后的产物,除了承担着承载人流,保证室内外交通流畅外,同时也对空间构成及功能区的划分有着重要的影响。

例如:就餐区的顾客流线应简洁、明了,不与服务流线相混杂;服务空间与后厨及就餐区之间的路径规划要合理,减少不必要的绕行,提高服务效率;后厨的物品流线要细化设置,以保证厨房的清洁、卫生;洗手间等公共空间的流线,可以不与整个空间形成环形连接,多采用尽端式通道设置形式。以上这些设计方法都是为了能让流线更好地为空间功能服务,提高工作效率,达到客户体验与利润双向得益的根本目的。

3.利用辅助设施对流线进行强调

室内流线的设计大多数情况下都是经过设计者详尽分析之后得出的,但是即便如此也无法做到令每个人都满意。室内流线与空间装饰或者氛围营造不同:它并不能通过施工中的各项指标来对其合理性进行验证,只能根据实际使用后再来验证,但餐厅投入使用后,其流线便很难再次改动了。

为了将这种因设计者思考不周给餐厅运营带来的不良影响降至最低,设计者在设计流线时,除了尽可能地完善流线本身之外,还应适当地运用一些辅助手法对人流进行引导、对流线进行强调,以便流线在餐饮空间使用过程中按照设计者最初的设想进行运行。标识对流线有着较好的辅助作用:如在各功能区内设置确认性标识,帮助使用者辨别不同的功能性空间;在各流线的入口或者流线与流线汇集、交叉、转折处设置引导性标识,以便使用者能快速地辨别方向;在一些特殊空间设置禁止进入或者请勿靠近等提示性标识对空间进行人为隔离等。除此之外,灯光与色彩也是流线设计中重要的强调手段。一般来说,人容易被明亮的色彩或者灯光所吸引,设计者可以利用这一特性在主流线入口处对灯光和色彩加以变化:一方面强调了流线;另一方面丰富了餐饮空间的内部层次,这对整体空间来说也是较为有利的。

2.3
餐饮空间的各类设计要素

好的餐饮空间设计应当是功能性与形式美的完美统一,而餐饮空间的内部装饰及空间氛围的营造需要借助对各类设计要素的控制与运用,从而营造既实用又美观的餐饮空间。

2.3.1 色彩与氛围渲染

对于餐饮空间设计而言,色彩具有较强的装饰性,同时对人的心理活动有着重要的暗示和引导作用,因此色彩是餐饮空间设计的重要因素之一,它既有审美作用还兼具调节室内空间氛围的作用,还能对人的情绪产生一定的影响。餐饮空间内良好的色彩设计不但能美化空间环境、调节空间的气氛、创造空间特色,而且还有助于餐饮空间功能的发挥,从而吸引更多顾客,提高餐厅的经济效益。所以,色彩的合理搭配对餐饮空间的塑造、氛围的渲染有着重要的意义。

餐饮空间的色彩搭配需要注意以下几个方面的内容。

1.注意色调的搭配

所有的单一色并没有美与丑的分别,而餐饮空间最终呈现在视觉效果上的审美差异大多来源于配色,不同色彩的相互关系对餐饮空间的最终效果有着直接的影响。因此,设计者对餐饮空间进行装饰时,色彩的搭配不宜过于繁杂,纯度宜淡不宜浓,明度宜明不宜暗,主要色彩不宜超过三个色相。一般来说,可选择一种色彩作为基调色,其他大多数的装饰色彩以基调色为基础进行明度、纯度的变化,在少数需要强调、突出的地方运用基调色的对比色进行装饰,形成强烈对比和视觉冲突,吸引顾客的目光从而达到强调的作用,只要色彩搭配得宜并处理好整体与局部之间呼应、协调关系,则能营造出使人觉得安心、舒适的餐饮空间环境。

2.色彩的选择要与空间风格相匹配

每类特定的风格都有能引人联想的常见色彩搭配,如地中海风格常用白色、蓝色相联系,后现代风格则以黑、白、灰为固定搭配。所以,在餐饮空间的色彩选择上,要根据餐厅的整体风格定位,结合大众的常规认知为基础加以变化和应用,从而营造出具有餐厅自身特色的空间环境。

3.把握好色彩与人心理活动之间的关系并加以运用

不同色彩对人的心理活动和感知有着不同的影响,如绿色常给人带来希望,蓝色常让人觉得冷静、犹豫,红色使人兴奋,黄色则给人以温暖。在餐饮空间设计时,设计者要把握好色彩与人的心理活动之间的关系,通过色彩的选择将空间所承载的情感以及内在信息向顾客进行传递,与此同时,还可以对色彩的"诱目性"加以利用,如在餐饮空间的主流线入口处利用鲜明的色彩进行标识,对人流进行引导等。通过这一系列的设计让整体空间成为设计者信息传递的重要载体。

2.3.2 灯光与空间塑造

灯光对餐厅的空间环境塑造有着非常重要的影响。对于室内空间来说,灯光不仅可以起到照明的作用,还有助于塑造餐厅的主题氛围,构建符合人们审美情趣的意境,与此同时,还能通过灯光的色彩、色温、照度的变化对餐饮空间内的主体进行突出,丰富空间的层次感。

1.对灯光照度进行合理控制

所谓照度,是指灯光的明亮程度。在餐饮空间设计中,如果选择的光源照度过低会导致空间昏暗、照明不足等问题,而照度过高则可能会因为室内太过明亮使人产生眩晕等,选择照度时应当综合考虑餐饮空间本身的自然光照、主要营业时段、经营内容、性质以及空间氛围等因素。例如:在设计早餐店的灯光时,可选择照度较弱的灯具作为主光源,因为在这类空间的灯具只是自然光源的辅助;在酒吧等这类特殊餐饮空间里,也可选择照度较暗的灯具,因为这类空间的总体氛围必须借助较为昏暗的环境才能达到;对宴会厅、传统中餐厅等照明要求较高的餐饮空间,应选用照度较强的灯具,通过明亮的灯光配合整体环境营造出一种温暖、愉悦的用餐氛围。

2.光色、光温应与空间氛围相协调

在餐饮空间设计中,光色、光温应与空间氛围相协调。如咖啡厅本就希望给人营造一种温暖、宁静的氛围,让人在其中全身心地放松,因此应选择光色偏暖、色温偏高的灯具作为主光源,通过灯光与装饰的相互搭配凸显这一空间的精神内涵。

3.光源布点要合理

餐饮空间内的光环境是通过多种点光源的组合共同构成的,好的光源布点可以对整体空间起到画龙点睛的作用。例如:传统西餐厅里的餐桌上摇曳点点烛光将西餐的柔情与浪漫渲染得淋漓尽致;墙壁上精美的装饰画上的那一束射灯彰显了餐厅不凡的品位。在餐饮空间的灯光设计中,设计者要注意光源布点的合理性,懂得主与次、虚与实的相互结合,只有这样才能在照明的同时利用灯光去营造优雅的意境。

2.3.3 陈设与主题刻画

在餐饮空间日益多元化的今天,餐饮空间的陈设设计也日益受到了人们的重视:一方面,它是室内环境的装饰;另一方面是烘托室内环境,营造空间意境,强调与刻画空间主体的最佳载体。在餐饮空间的陈设设计中,主要包含了以下几个方面的内容。

1. 家具陈设

在餐饮空间里,前厅所有的家具如桌、椅、沙发、备餐台等均属于家具陈设。从空间上来看,家具占据了前厅相当大的一部分面积,是对餐饮空间档次最为直接的体现。同时,家具对室内空间还具有一定的分隔作用,这样既可以减少墙体的面积、提高空间使用率,使空间变得开敞,还可以通过家具布置的灵活变化达到适应不同功能要求的目的。

2. 灯具陈设

灯具在餐饮空间内除了作为光源提供照明之外,同时还起到装饰的作用。灯具的样式要与整体空间环境相匹配,特别是门厅、通道、走廊、候餐区内,灯具是空间内为数不多的装饰品,因此要注意灯具造型的艺术性,真正做到功能性与审美性相统一。

3. 艺术品陈设

艺术品陈设是餐饮空间氛围在细节上的凸显,对其主题刻画有着极为重要的作用。艺术品陈设在餐饮空间中应遵循"贵精不贵多""贵巧不贵价"等原则,同时要与整体设计风格相一致。在传统的中餐厅中,多见漆器、玉器、古玩、茶壶、字画点缀于其中;在传统的西餐厅中,常用华丽的水晶灯以及各种华丽的银器作为装饰;在地域风味餐厅中,则会选择具有当地特色的手工艺品对空间进行装饰。艺术品在美化空间环境的同时也较好地突出了空间的主体,渲染了空间氛围。

4. 植物陈设

植物具有旺盛的生命力,能给人以生机蓬勃的感觉,将其作为餐饮空间的陈设不仅可以净化室内空间、降低噪声,同时还能给人带来身心的愉悦,让空间呈现出自然与艺术交融之美。

2.3.4 无障碍设计

设计者在装饰餐饮空间时,除了全面考虑各装饰要素,力求美化、提升空间环境外,不能忽略了餐饮空间的基础功能。为了使餐饮空间能更加广泛地适用于大多数人群,设计者在设计过程中不能忽略了无障碍设计。餐饮空间中的无障碍设计应当满足以下要求。

1. 适用于大多数人

餐饮空间作为一个空间有限的经营性场所,其无障碍设计并不是为了弱势群体的利益而牺牲餐厅业者或者其他普通消费者的利益,而是在这三者中寻求最佳的平衡。餐饮空间内的无障碍设计具有通用性,能适用于大多数人,设计者经过周密的分析后进行通用设施的设计,并以此为基础加入能为弱势群体提供便利的特殊性设施。如在普通的女厕里对其中一两间进行空间的扩大并安装相应的育婴台等,使其变为临时的哺乳间,以方便哺乳期的女性顾客,这样一来使得这一空间既能广泛地适用于大多数人,同时也能满足特殊人群的使用需求。

2. 安全性高

餐饮空间中的无障碍设计主要针对弱势群体,他们相对于普通人来说行动力以及自我保护能力都较弱,所以更容易发生事故,因此安全性成了无障碍设计中最为重视的因素。

3.标识容易辨认且使用便捷

餐饮空间中的无障碍设施应带有鲜明的标识,使得有需要的特殊人群能迅速地找到,同时所有的无障碍设施都应操作简单、便利,使用者通过常识性的判断结合简单的符号提示就能使用。

4.设计具有系统性

要想切实地为弱势群体服务,餐饮空间内则不能只设置某一样无障碍设施,而是让所有的无障碍设施形成一个有机整体,让系统中的每一部分都能为弱势群体提供便利,让弱势群体在餐饮空间内的活动得到切实保障。

第3章

餐饮空间的设计过程及表达

CANYIN KONGJIAN SHEJI

餐饮空间的设计目的旨在创造一个合理、舒适、优美的就餐环境,以满足人们的物质和精神要求。设计者在接受餐饮空间设计任务时,通常需要花大量的时间来做设计前的案头工作。餐饮空间设计涉及的内容很多,下面从餐饮空间的设计过程及如何表达来进行分析。

3.1
策划定位与沟通

设计者首先要考虑如何确定餐饮空间的设计主题。一个优秀的餐饮空间必须具有鲜明的主题,主题的内容就是设计的灵魂。如何把握主题,设计者在设计之前必须有一个设计计划,掌握好设计中的内容和总体方案,做到心中有数,在设计之前还必须了解市场、了解顾客的情感需求、了解所经营的产品,这样方能做到有的放矢,所设计的作品才有说服力、生命力、感染力。因此,在设计餐饮空间之前,设计者必须考虑以下内容。

1. 进行必要的市场调查

在确立餐饮空间的设计主题之前,设计者必须对市场进行全面调查了解,通过调查提出一系列问题,如人们为何走进餐厅? 为何选择不同的餐厅就餐? 因为餐饮市场是由不同需求的客人所组成的消费群体,解决饥饿而走入餐厅就餐,这是人们最基本的需求。但绝大多数就餐者选择不同的餐厅有两个原因:一是由于不同的口味而选择有特色的餐厅;二是人们希望通过吃来放松神经,满足精神方面的需求,所以餐饮必须融入文化功能,从吃里找到自己所需要的情感。

2. 了解顾客的情感需求

顾客是企业竞争的目标。设计者在设计之初必须进一步分析消费者的情感需求,围绕某个主题进行深入分析,确定设计对象针对的消费群体,并结合消费群体的消费能力如何,喜欢什么样的生活方式以及需要什么样的情感空间等方面的因素来综合考虑。设计者只有了解了顾客的情感,才能把握住顾客。因此,餐饮空间服务群体的高、中、低的定位决定了设计的选择,这也正是一个餐厅成功的关键。

3. 了解经营的产品内容

设计者设计的餐饮空间能否吸引顾客,能否满足人们的需求,餐饮空间的主题定位很重要。比如一个经营日本寿司产品的餐饮空间,必将选择日式餐饮文化的主题。而一个日式餐饮空间,其空间设计的主题必须与日本的文化、宗教、生产、生活密切相关,必须遵循日本本土的风俗习惯。设计者在设计日式餐厅时一般以日本传统的低矮小屋为主要空间形式,而原木色的推拉门、日式席地而坐的用餐形式、低矮的餐桌、身着和服的服务生、天然的竹或木装饰等构成了日式餐厅的主题特点,如图 3-1 所示。

4. 确立设计主题的创意构思

一个产品投放市场,其主题的确立必须具有创意。如何确立设计主题的创意构思? 首先要进行必要的分析和了解,准确了解主题的文化内涵。在众多的餐饮空间主题中,要分析该主题是属于哪一类型的文化产品,如以民俗为主题、以思古怀旧为主题或以现代时尚为主题。餐饮空间的主题确定后,设计者再围绕主题进行构思创意,设计出具有色彩鲜明个性的餐饮空间。

(a)   (b)   (c)

图 3-1　日式餐厅的空间环境实景图

3.2
方案构思与表达

　　设计者在进行一项设计活动时,必须有一个周密的设计计划,按照设计的基本程序来操作,以认真负责的态度来对待这项设计任务。设计者掌握了设计的基本程序后,还必须了解这个设计所服务的对象、服务的范围、设计的流程安排。

　　餐饮空间的设计流程应包括:设计准备阶段、设计构思阶段、初步设计阶段、方案深化阶段、施工监理阶段等几个方面。

3.2.1　设计准备阶段

　　设计者在进行餐饮空间设计之前,先要接受设计委托书,然后才进入设计准备阶段。设计者必须明确设计任务和要求,明确设计期限并制订设计计划、进度安排,考虑各有关工种的配合与协调,明确设计任务和性质、功能要求、设计规模、等级标准、总造价等,根据任务的使用性质所需创造的室内环境氛围、文化内涵或艺术风格等;熟悉设计有关的规范和定额标准,收集必要的资料和信息,包括对现场的调查勘探以及对同类型实例的参观等工作。通过设计任务和性质的确定,设计者才能明白自己应该怎么做才使自己的思路不会偏颇。

　　下面以吾家汤馆的设计过程进行案例分析。设计者通过对餐厅的原始现场调查,了解了餐厅周边的环境、人流量等,再与甲方沟通后,确定将该场地改造为一家以"生态"为主题的养身汤馆,餐厅的现场调查如图 3-2 至图 3-4 所示。

图 3-2　餐厅原始室内现场勘察

图 3-3　餐厅原始室外现场勘察

图 3-4　餐厅周边环境实景图

3.2.2　设计构思阶段

设计者的设计构思直接关系到作品的优劣与成败。设计者应在自己的生活体验和素材积累的基础上,大胆想象,从自己的创作情感中找到最佳的主题思想。设计者在设计时要有一个全局观念,掌握必要的资料和数据,从最基本的人体尺度、人流动线、活动范围和特点、家具与设备的尺寸和必须使用的空间设计等着手。

设计构思阶段主要包括以下几个步骤:了解所设计的对象、了解市场的需求、了解使用者的需求、了解经营者的要求。主题构思阶段包括:从哪个角度表现餐饮空间的主题;用什么形式表达餐饮空间主题;用什么场景表现餐饮空间主题;餐饮空间主题的内涵是什么。

设计者通过前期调查分析后,将"生态"主题概念运用在整个汤馆的设计之中,意在让每位顾客置身于森林之中,正门上的树枝与"鸟"形把手相互映衬,仿佛森林中静谧的早晨一般,让人神往。走进餐厅,精心设计的立柱、树枝造型的隔断将开放的空间故意穿插上狭小空间的构思,表现出了时而明亮宽广、时而昏暗幽深的森林世界。墙上青翠欲滴的植物、悠然自在的飞鸟以及餐厅顶部光影斑驳的树影相互映衬,让顾客在这一刻忘却了都市的压抑和繁杂,仿佛置身于森林之中。如果顾客喜欢更明亮的地方,在正门的左侧,那是设计者为顾客精心设计的空间,顾客可以要一杯咖啡,在午后的阳光享受下午静谧的时光。为了让顾客与特别的人共享美好的时光,餐厅特意为顾客准备了包间,每张餐桌上那束安静而优雅的灯光,也仿佛正在期待顾客的光临,希望顾客可以在悠然惬意的氛围中享受一次难忘的用餐之旅。吾家汤馆的设计意向图如图3-5所示。

THE USE OF DESIGN ELEMENTS
设计元素运用

　　设计者通过提炼自然环境中的生态元素，把它们加工应用到餐厅装饰设计各个方面。从餐厅正门的"树杈"造型与"鸟"形把手，再到大厅的植物墙、树形隔断、墙面上飞鸟模型以及钢丝上的"蝴蝶"，最后到包间门的花纹、灯饰等，无不体现了生态元素，通过时尚现代的加工打造出一个有趣的生态体验式就餐空间

图 3-5　吾家汤馆的设计意向图

3.2.3 初步设计阶段

设计者在设计准备阶段的基础上,进一步收集、分析、运用与设计任务有关的资料与信息,构思立意,进行初步方案设计。初步方案设计阶段包括方案构思计划、视觉表现、方案比较、经费分配计划等内容。

根据甲方的餐饮经营需求,设计者对吾家汤馆进行功能区域分析,并绘制方案草图。吾家汤馆的空间分析图如图 3-6 所示;方案设计图如图 3-7 至图 3-12 所示。

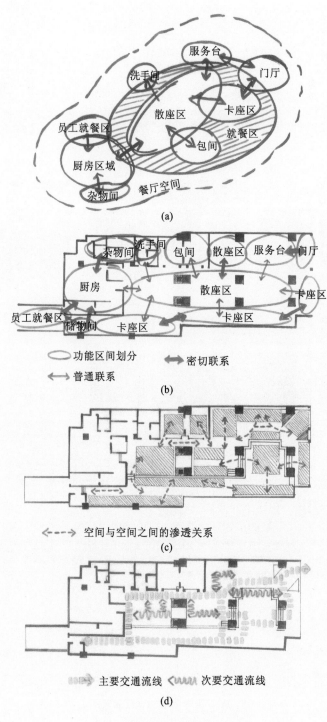

图 3-6　吾家汤馆的空间分析图

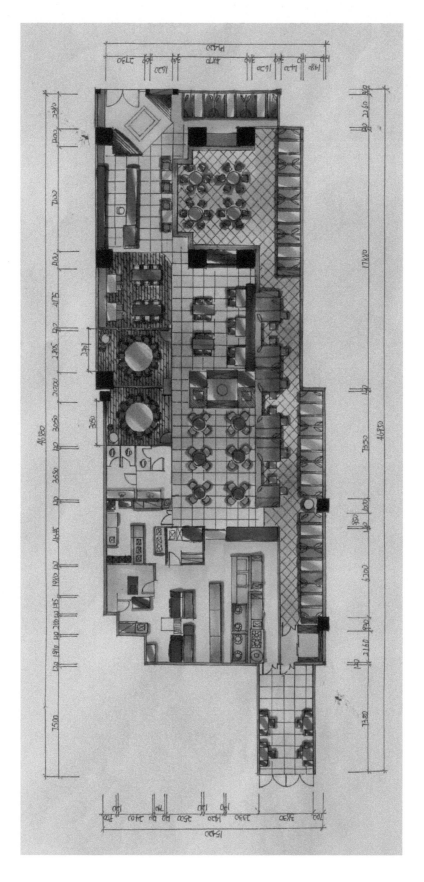

图 3-7　吾家汤馆的平面手绘草图（单位：mm）（陈楠枚　武汉工程大学邮电与信息工程学院）

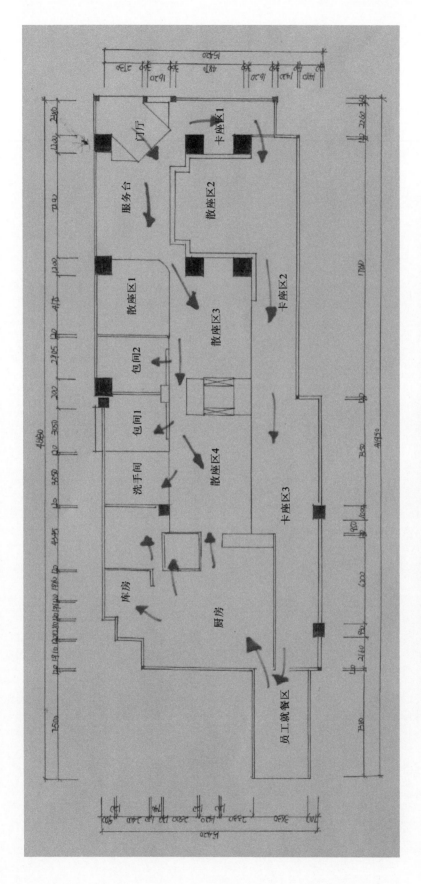

图 3-8 吾家汤馆的交通流线分析草图（单位：mm）（陈楠枚 武汉工程大学邮电与信息工程学院）

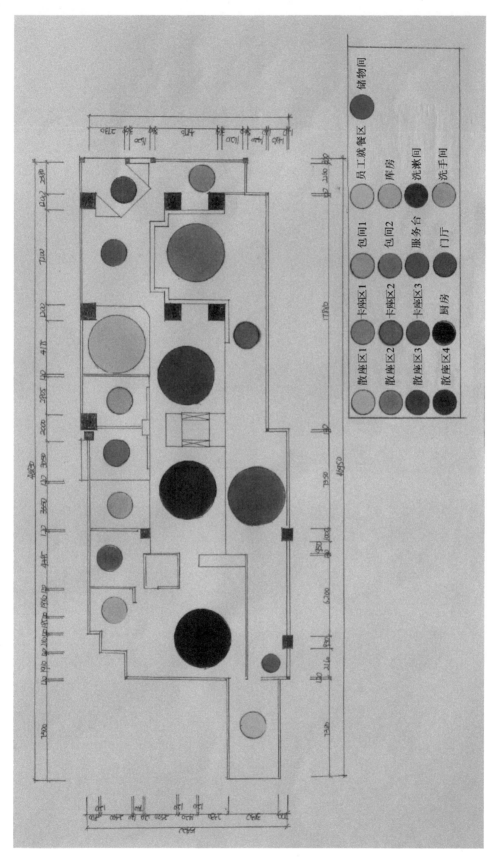

图3-9　吾家汤馆的功能分区草图（单位：mm）（陈楠枚　武汉工程大学邮电与信息工程学院）

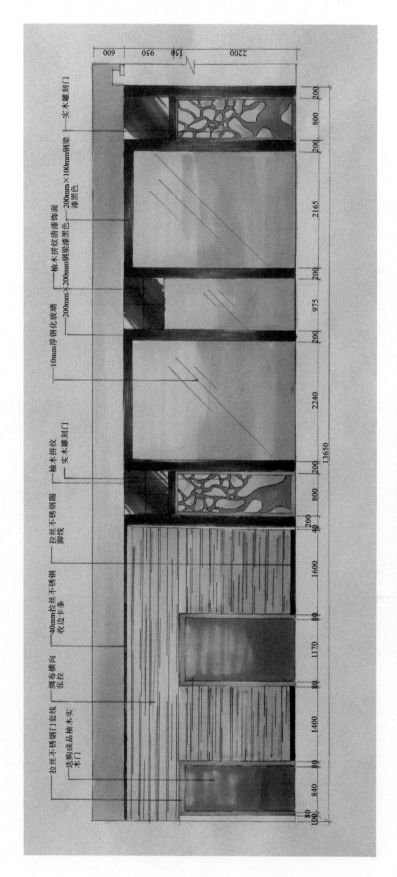

图 3-10 吾家汤馆的立面草图（单位：mm）（陈楠枚 武汉工程大学邮电与信息工程学院）

图 3-11　吾家汤馆的洗手间手绘效果图
（陈楠枚　武汉工程大学邮电与信息工程学院）

图 3-12　吾家汤馆的包间手绘效果图
（陈楠枚　武汉工程大学邮电与信息工程学院）

3.2.4　方案深化阶段

方案深化阶段是设计者对所选用的构思计划通过设计手段,对室内空间的处理进行深入细致的分析,以深化设计构思。

餐饮空间设计的方案深化阶段包括确定初步设计方案和提供设计文件。初步设计方案的文件通常包括平面图、立面图、室内墙面展开图、顶棚平面图、建筑装饰效果图,同时还要对建筑装饰做出预算。

在吾家汤馆的设计案例中,设计者经过反复调查,并与甲方沟通后,确定了设计方案,然后开始绘制相关图纸。

1.平面图

设计者对设计方案进行空间划分、功能分区、交通流线安排等,用平面表现的方式绘成平面图,常用的比例有 1∶50、1∶100、1∶150、1∶200 等,如图 3-13 至图 3-15 所示。

2.室内立面图

立面图要明确表达设计者表现的意图,协调各个立面的关系,常用比例有 1∶20、1∶30、1∶40、1∶50、1∶100等,如图 3-16 和图 3-17 所示。

3.顶棚平面图

顶棚平面图包括顶平面的造型、照明设计图、暖通图、消防系统图等,常用的比例 1∶50、1∶100、1∶150、1∶200等,如图 3-18 所示。

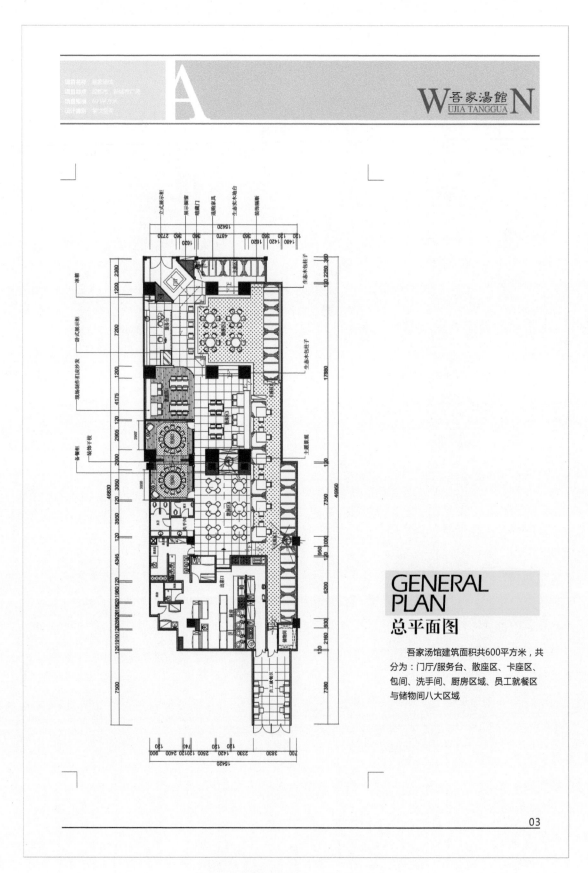

GENERAL PLAN
总平面图

　　吾家汤馆建筑面积共600平方米，共分为：门厅/服务台、散座区、卡座区、包间、洗手间、厨房区域、员工就餐区与储物间八大区域

03

图 3-13　吾家汤馆的总平图（单位：mm）

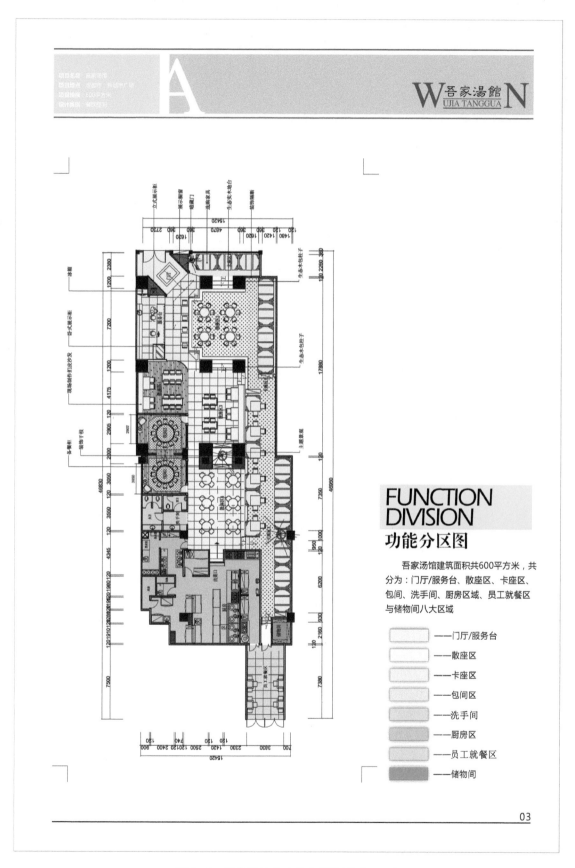

图 3-14　吾家汤馆的功能分区图(单位:mm)

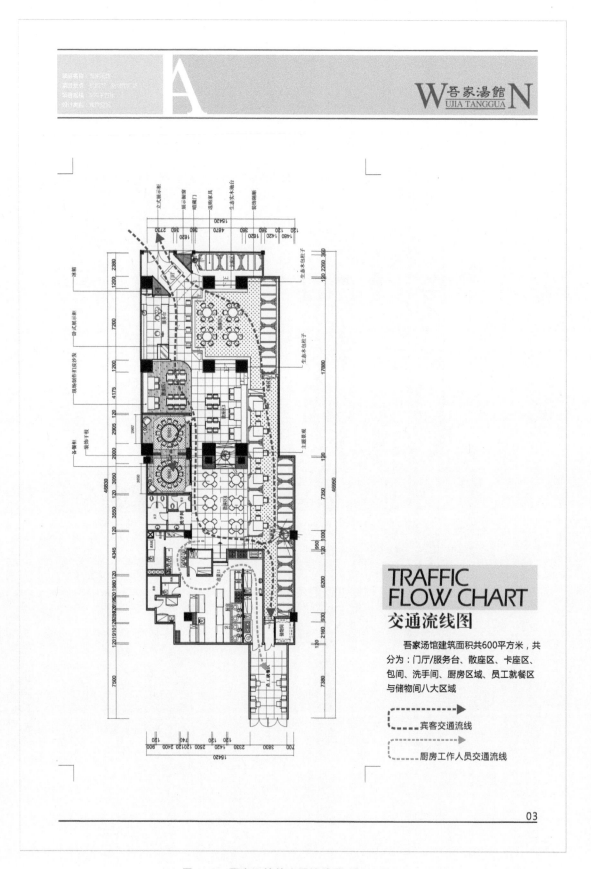

TRAFFIC
FLOW CHART
交通流线图

　　吾家汤馆建筑面积共600平方米，共
分为：门厅/服务台、散座区、卡座区、
包间、洗手间、厨房区域、员工就餐区
与储物间八大区域

- - - - ▶ 宾客交通流线

- - - - ▶ 厨房工作人员交通流线

03

图 3-15　吾家汤馆的交通流线图(单位:mm)

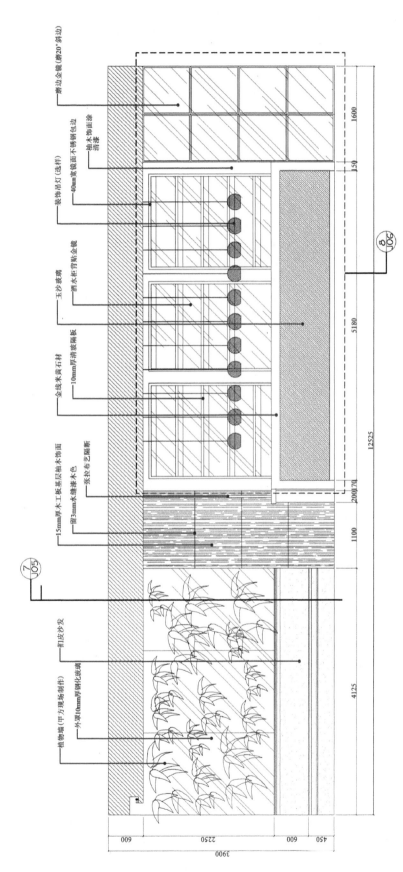

图 3-16　吾家汤馆的服务台及散座区 1 A 立面图（单位：mm）

磨边金镜（镜 20°斜边）

柚木饰面面涂清漆

装饰吊灯（选样）

40mm宽镜面不锈钢包边

无沙玻璃

酒水柜背贴金镜

10mm厚清玻隔板

金线米黄石材

15mm厚木工板基层柚木饰面

留3mm水缝漆木色

张拉布艺隔断

扣皮沙发

植物墙（甲方现场制作）

外罩10mm厚钢化玻璃

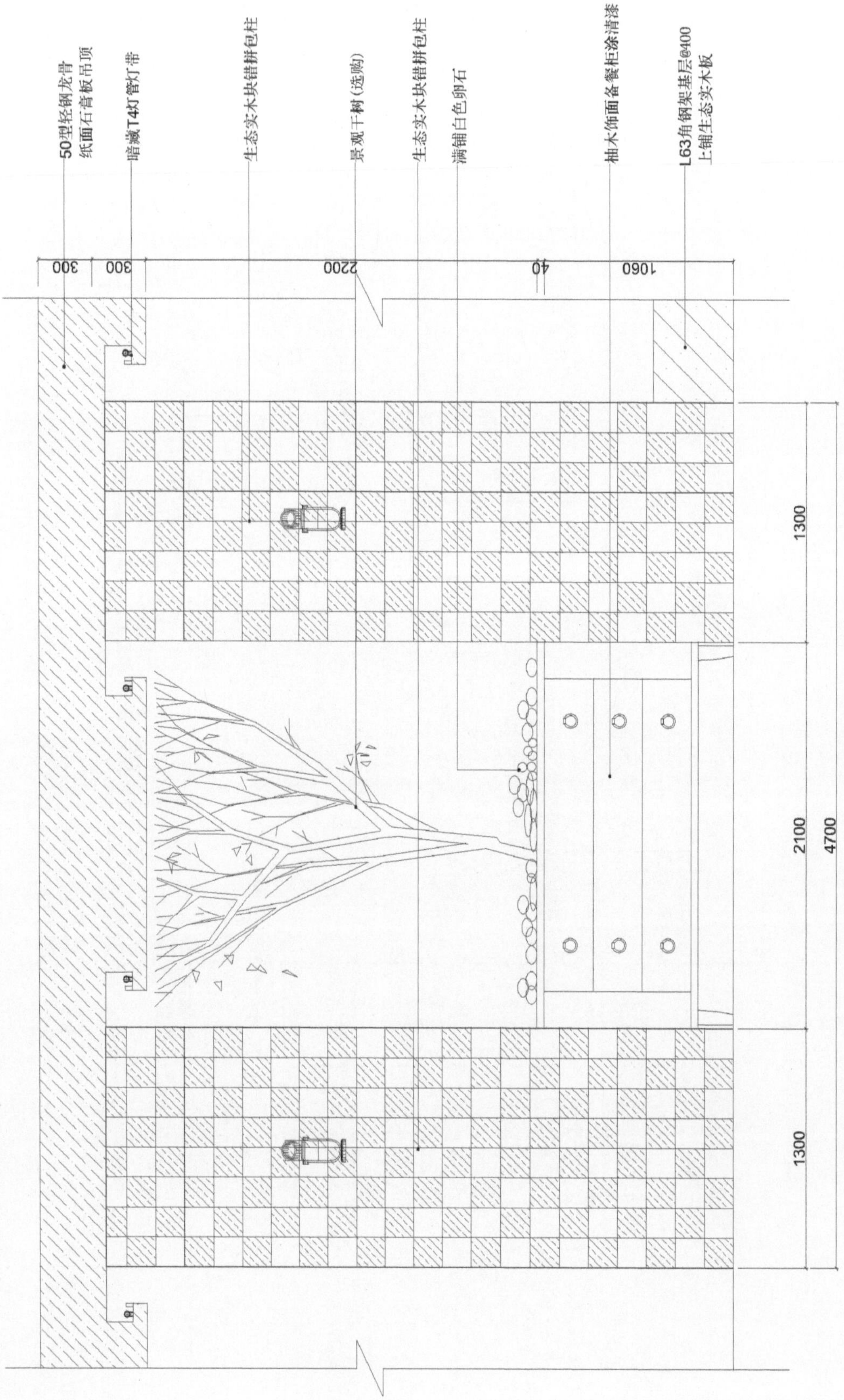

50型轻钢龙骨
纸面石膏板吊顶

暗藏T4灯管灯带

生态实木块错拼包柱

景观干树(选购)

生态实木块错拼包柱

满铺白色卵石

柚木饰面备餐柜涂清漆

L63角钢架基层@400
上铺生态实木板

300 300

300

2200

40

1060

1300

2100

4700

1300

图 3-17 吾家汤馆散座区 4 B 立面图(单位:mm)

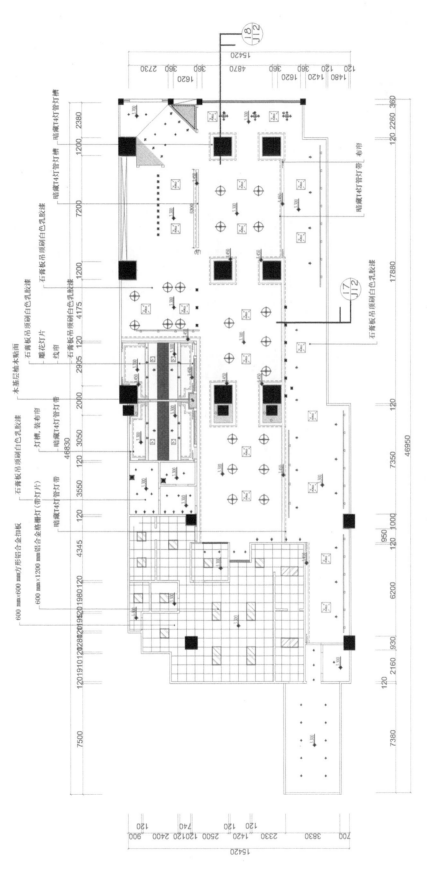

图 3-18 吾家汤馆的顶棚布置图（单位：mm）

4.室内预想图

室内预想图能清楚地表达设计者的设计意图,把设计者的设计预想清晰地呈现在读者的面前。这是一种直观的设计表现手段,室内预想图包括手绘预想图、计算机绘制的预想图等,如图 3-19 所示。

(a)　　　　　　　　　　　　　　　　　　(b)

(c)　　　　　　　　　　　　　　　　　　(d)

图 3-19　计算机绘制的吾家汤馆的室内预想图

5.室内装饰材料样板图和说明

室内装饰材料样板图和说明是室内设计中不可缺少的一个程序,是设计者对材料的造型特征、材料的颜色、材料成形的可行性进行的说明,以便为施工做一个选材依据,该过程也是设计意图和设计思想的一个补充说明,如表 3-1 所示。

6.施工设计大样图

初步设计方案需经审定后方可进行施工图设计。根据设计者所用的材料、加工技术、使用功能有一个详细的大样图说明,以便形成具体的技术要求。设计大样图应明确地表现出技术上的施工要求和怎样完成这个工程的详细图纸。吾家汤馆的施工设计大样图如图 3-20 所示。

表 3-1　吾家汤馆的室内装饰材料样板图和说明

区域	位置	名称	图片	尺寸	数量	材质	备注
大堂部分	卡座区	餐边柜		1500 mm×390 mm×830 mm	3个	表面材质：实木皮	咖啡红
	散座区4	圆桌		直径 800 mm×710 mm	6张	见图	黑胡桃
	卡座区	桌子		定做 1400 mm×750 mm×710 mm	13张	见图	黑胡桃（桌布未计价）
	散座区1和散座区3	餐桌		900 mm×1200 mm×710 mm	10张	见图	
	散座区1	餐桌		900 mm×1500 mm×710 mm	2张	见图	

续表

区域	位置	名称	图片	尺寸	数量	材质	备注
大堂部分	散座区 2	圆桌		直径 1200 mm× 710 mm	4 张		
	散座区 1 和 散座区 3	餐椅		510 mm×540 mm× 410 mm	30 把		
	散座区 4	沙发椅			24 把		12 把橡木色、 12 把胡桃色
	散座区 2	椅子		50 mm×530 mm× 780 mm	24 把		630 元×24 把＝15120 元
	服务台	吧椅		460 mm×530 mm× 850 mm	3 把	铝合金	460 元×3 把＝1380 元， 运费 80 元

续表

区域	位置	名称	图片	尺寸	数量	材质	备注
大堂部分	卡座区	双人沙发		1400 mm×710 mm× 700 mm	26 个	背面为胡桃色，布包用酱紫色	1100 元×26 把＝28600 元
	卡座区 1	吊灯		直径 889 mm× 812 mm	3 个	见图	2600 元×3 个＝7800 元，运费 100 元
	散座区 2	灯具			4 个	铝质	1700 元×4 个＝6800 元，运费 80～150 元
	散座区 3	吊灯		直径 600 mm	17 个	见图	1300 元×17 个＝22100 元，运费 300
	卡座区	灯具		灯罩直径:360 mm 灯罩高度:490 mm	13 个	铁加 PPC	290 元×13 个＝3770 元，运费 300 元
	散座区	投影灯			7 个	见图	

续表

区域	位置	名称	图片	尺寸	数量	材质	备注
包间部分	包间	餐边柜		1300 mm×450 mm×800 mm	2个	见图	2100元×2个=4200元
	包间	圆桌		直径1800 mm×710 mm	2张		1600元×2个=3200元
	包间	沙发椅			2张		650元×2个=1300元
	包间	餐椅		450 mm×530 mm×780 mm			
	包间	落地灯		灯罩直径:400 mm 灯罩高度:230 mm 底座直径:260 mm 整体总高:1480 mm	2个	见图	400元×2个=800元,运费80元

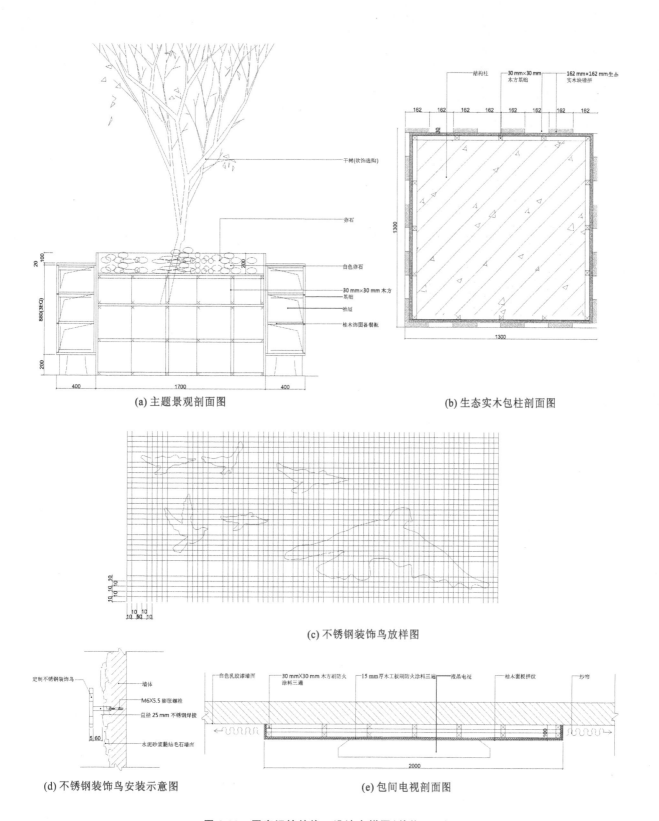

(a) 主题景观剖面图

(b) 生态实木包柱剖面图

(c) 不锈钢装饰鸟放样图

(d) 不锈钢装饰鸟安装示意图

(e) 包间电视剖面图

图 3-20　吾家汤馆的施工设计大样图 (单位 : mm)

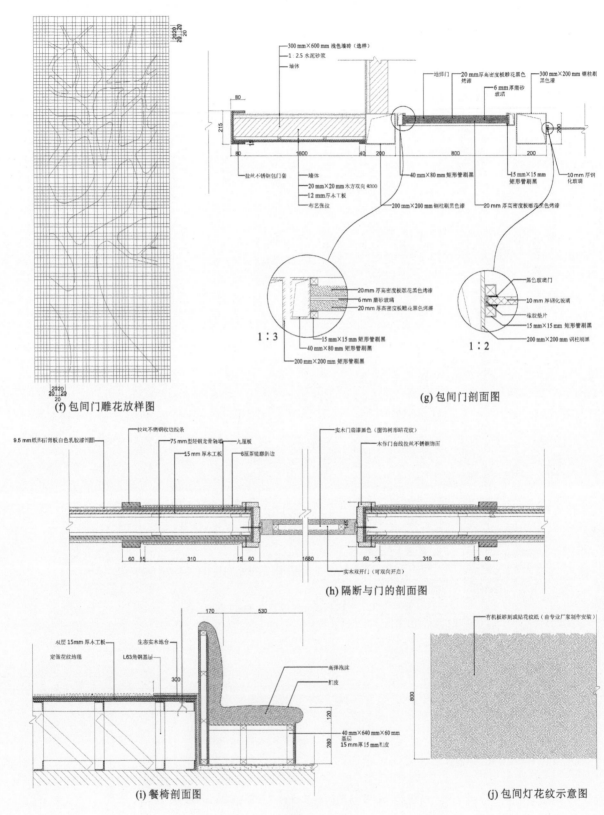

(f) 包间门雕花放样图

(g) 包间门剖面图

(h) 隔断与门的剖面图

(i) 餐椅剖面图

(j) 包间灯花纹示意图

续图 3-20

3.3
项目施工与完成

3.3.1 方案确定阶段

设计方案确定后,设计人员应向施工单位进行设计意图说明及图纸的技术交底,以便施工人员更好地施工。

3.3.2 施工监理阶段

在工程施工期间,设计人员需按图纸要求核对施工实况,经审核无误后,才能作为正式施工的依据。根据施工设计图,参照预定金额来编制设计预算,对设计意图、特殊做法做出说明;对材料选用和施工质量等方面提出要求。为了使设计作品能达到预期的效果,设计者还应参与施工的监理工作,协调好设计、施工、材料等方面的关系,随时和施工单位、建设单位在设计意图上进行沟通,以便达成共识,让设计作品尽量做到尽善尽美,取得理想的设计效果。

设计者在施工监理过程中的工作包括:对施工方在用材、设备选用、施工质量方面做出监督;完成设计图纸中未完成部分的构造做法;处理各专业设计在施工过程中的矛盾;局部设计的变更和修改,按阶段检查工作质量,并参加工程竣工验收工作。

吾家汤馆的方案施工现场图与竣工实景图如图 3-21 所示。

(a) 外围施工现场   (b) 基础工程施工现场

图 3-21　吾家汤馆的方案施工现场图和竣工实景图

(c) 吧台施工现场

(d) 室内装饰施工现场

(e) 门面施工现场

(f) 吧台灯具安装

(g) logo制作现场

(h) 吧台细部处理

续图 3-21

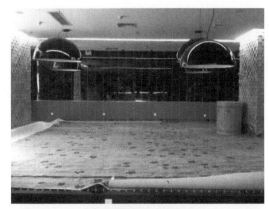

(i) 就餐区施工现场

(j) 门厅竣工实景

(k) 吧台竣工实景

(l) 散座区竣工实景

(m) 情侣座竣工实景

(n) 员工就餐区竣工实景

(o) 洗手间竣工实景

(p) 大门logo竣工实景

续图 3-21

3.4

课题实践

3.4.1 设计项目

吾家汤馆原始平面图如图 3-22 所示,建筑面积为 600 m²,使用面积为 450 m²,层高为 3.5 m;采用钢筋混凝土结构,根据该平面图进行功能布局设计,该餐厅位于某商业体一楼,人流量大,设计内容只涉及室内净空间及餐饮空间正立面门头设计,要求设计者充分利用室内空间,表达餐饮空间的商业氛围。

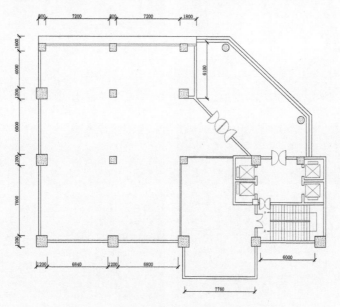

图 3-22 吾家汤馆原始平面图(单位:mm)

3.4.2 环境定位

位于不同区域的餐饮空间,其环境定位是不同的。

(1)位于高科技院区的餐饮空间,针对白领和上班人群。

(2)位于闹市区的餐饮空间,针对时尚年轻人群。

(3)位于大学生公寓区的餐饮空间,针对在校学生。

3.4.3　设计要求

(1)以"现代、时尚"等主题来展开餐饮空间设计,风格自定,该空间层高3.5 m。

(2)根据所给平面图结合要求科学合理地布局。

(3)根据平面布局标注主要区域尺寸(如过道、家具、陈设与墙体之间的尺寸)。

(4)对整个餐饮空间进行构思,要求设计新颖兼有创意性。

3.4.4　最终成果

根据所给的平面图设计餐饮空间,图纸要求包括平面图、立面图、施工大样图,表现手法可采用CAD、3dMax、手绘等,还要排在900 mm×1200 mm的展板上。

3.4.5　教学指导作品评析

图3-23所示为吾妻桥日式主题餐厅设计。除了需要有合理的空间布局外,更为重要的是室内空间氛围的营造。本方案的亮点是借助光源的变化和统一,运用木制元素来烘托日式主题餐厅的整体氛围,并结合不同区域的需求设计符合其场所个性的家具,给人以时尚、舒适并充满梦幻的感觉。方案定位准确,布局相对合理,如果能针对方案的每个立面以及平面相关细节有更多详细的表达和设计,则本方案将会更加完善。

图3-24所示为森林主题咖啡厅设计。本方案的设计手法灵活、新颖,通过对整体空间进行重新定位和布局,打造出富有趣味性并且新颖时尚的空间。本设计方案颠覆了原有空间相对呆板的空间布局,新的空间布局完全符合餐厅的功能和空间属性,并且可实施性也很强。另外,空间中的各个细节,如小型私密空间、卡座区、吧台都从人体工程学和环境心理学的角度进行了细致的推敲分析,设计把生态的概念贯穿始终,旨在创造一个看似无序而实质有趣、追求自由并充满想象的异度空间。本方案的设计构思大胆而心细,设计内容考虑得周到全面。

图3-25所示为日式料理店设计。整个餐厅的设计风格较为素雅,主要线条分割简洁明晰,色调统一,为顾客提供了一个质朴、素雅而温馨的休闲娱乐空间。餐厅设计定位较准,但对细节的尺度考虑不够周全。另外,对材料的选择和利用除了需要考虑美观因素外,还应该多从人的触感和合理性上多多推敲。

图3-26所示为工业化咖啡厅设计。本方案单从平面布局上看是比较中规中矩的,重点是其内部的细节展示和对小空间功能及色彩的研究。室内的光源形式和整体环境的营造是设计者考虑的一个重要方面,由于表达方式的限制,很多重要的设计在作品中并没有充分地展现出来,限制了设计意图的表达。

图3-27所示为尚膳若水中式餐厅设计。本方案的设计重点聚焦在室内空间的便捷性和室内陈设。由于空间布局受到建筑中梁柱的影响,所以设计需要从空间序列、围合关系、家具形式以及组合方式上紧密结合现状条件,以最巧妙的方式实现空间利用的最大化。本方案的立面设计细节相对较少,主要以大构架的方式将顶面、立面、地面的关系融合在一起,增强了餐厅界面设计的整体感,使得室内效果更佳简洁、大方。

图3-28所示为好有味中式火锅餐厅设计。本方案的设计主题明确,定位清晰,整套图纸设计规范完整,除了设计主题内容的别具匠心外,其色彩在表达和凸显主题上起到了至关重要的作用。不足之处是对空间的实用性考虑不够,如包间的私密性得不到保障等。整个作品的内容全面、丰富,但应注意版式中图文的逻辑关系。

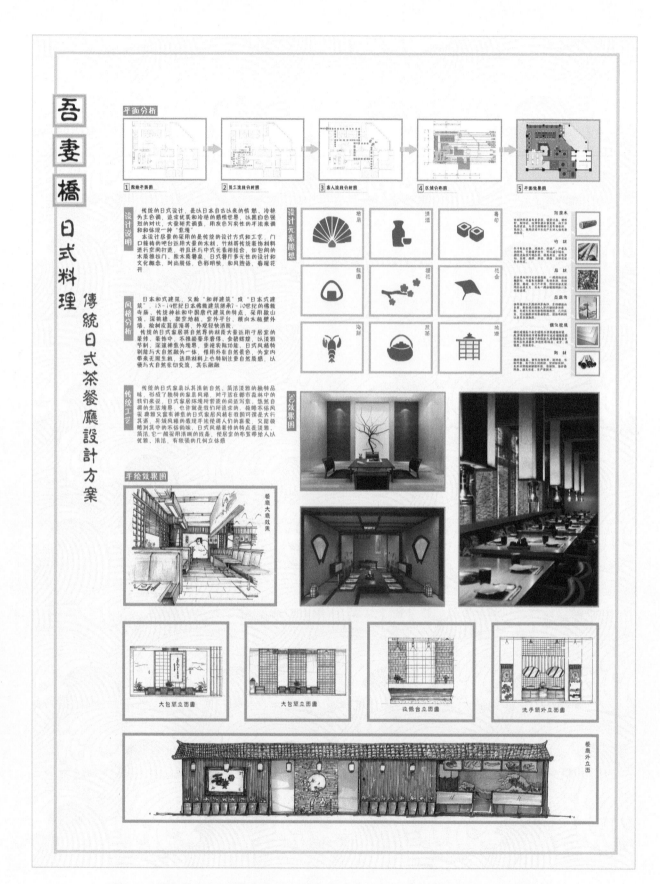

图 3-23 吾妻桥日式主题餐厅设计 （陈鑫、游芳芳 武汉工程大学邮电与信息工程学院）

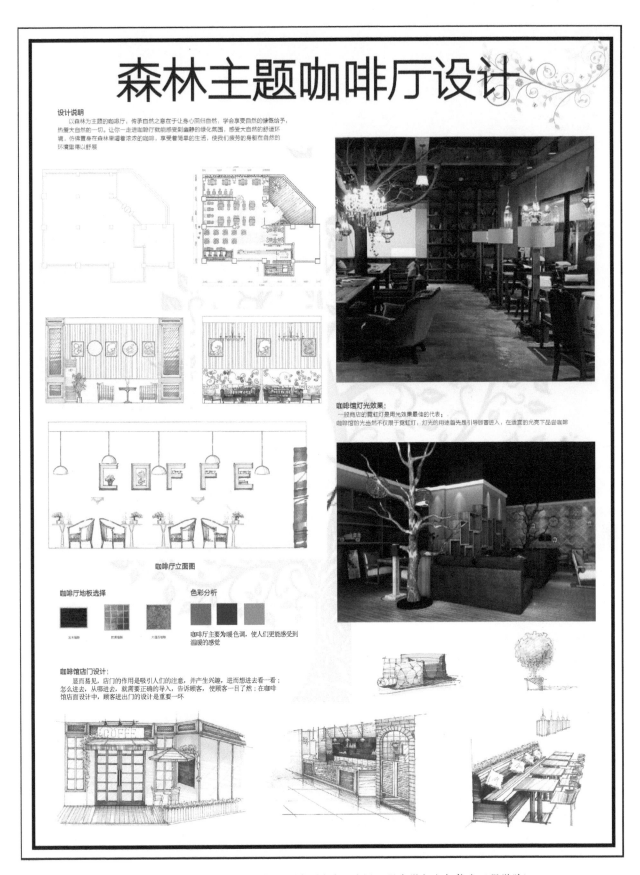

图3-24　森林主题咖啡厅设计 （罗龙、周乐　武汉工程大学邮电与信息工程学院）

图 3-25　日式料理店设计　（喇朝熙、陈雨姗　武汉工程大学邮电与信息工程学院）

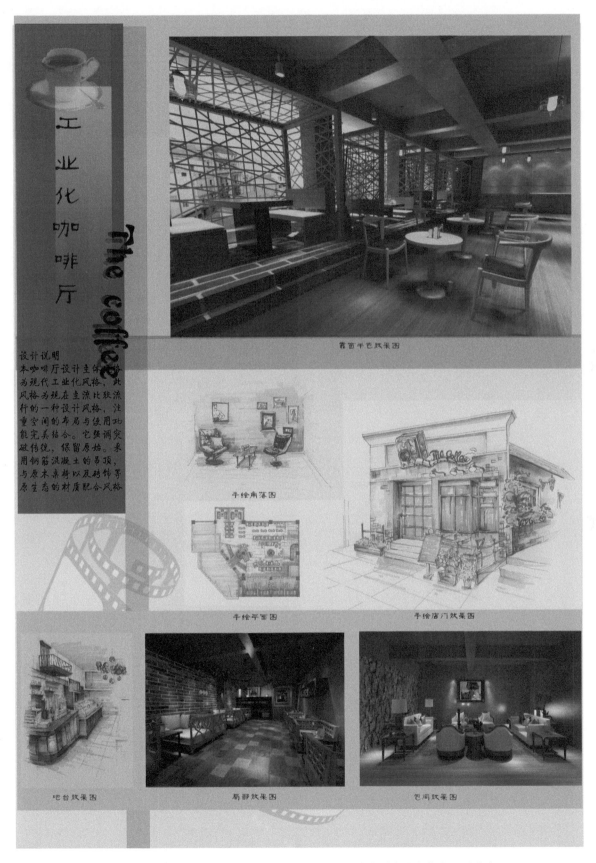

工业化咖啡厅

The coffee

设计说明

本咖啡厅设计主体定位为现代工业化风格，此风格为现在主流比较流行的一种设计风格，注重空间的布局与使用功能完美结合。它强调突破传统，保留原始。采用钢筋混凝土的吊顶，与原木桌椅以及砖饰等原生态的材质配合风格

靠窗平台效果图

手绘角落图

手绘平面图

手绘店门效果图

吧台效果图

局部效果图

包间效果图

图 3-26　工业化咖啡厅设计　（袁媛、郑阳　武汉工程大学邮电与信息工程学院）

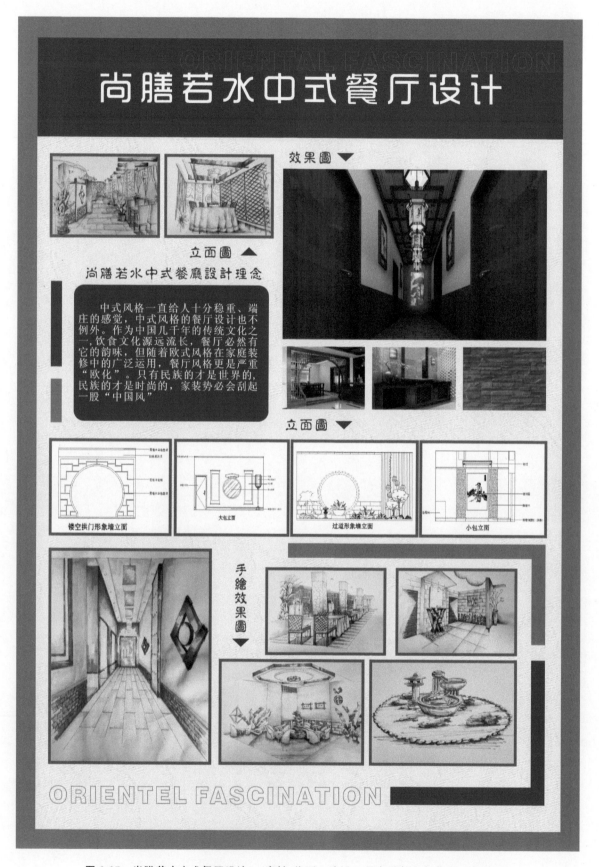

图 3-27　尚膳若水中式餐厅设计　（廖敏、徐丽　武汉工程大学邮电与信息工程学院）

图 3-28　好有味中式火锅餐厅设计 （陆观武　武汉工程大学邮电与信息工程学院）

图 3-29 所示为深海烤鱼餐厅设计。本方案以蓝色为主色调,并加入了鲜艳、跳跃的色彩,从而使空间更具活力,通过这种色彩上的鲜明对比以及黑、白、灰的搭配凸显出场所的个性。平面布局灵动却不失严谨,空间划分以及流线关系处理比较到位,尺度把握也相对准确。包间虽空间狭小,但经过设计者的调整和设计后,室内空间得到充分利用,能够满足顾客的要求,充分体现了该餐厅的功效性和实用性。

图 3-29　深海烤鱼餐厅设计 （张伟峰、吴首之　武汉工程大学邮电与信息工程学院）

图 3-30 所示为火车主题餐厅——记忆小站设计。本设计紧扣主题,凸显餐厅的氛围特点,并将这种思维贯穿到室内设计的每个环节之中。本设计重新定位和思考顾客对餐饮空间的需求,不拘常规地将不同使用方式的各类空间进行组合,使室内空间和陈设的利用更加高效、便捷。本设计的表达方式略显概念化,材料使用简单,但空间和尺度以及构筑方式的考虑都很到位。

图 3-30　火车主题餐厅——记忆小站设计(佚名)

第4章

各类餐饮空间的设计及快题表现

CANYIN KONGJIAN SHEJI

4.1

中餐厅设计

4.1.1 中餐厅

中餐厅是最普遍、最常见的餐饮类型。由于民族文化背景不同,中国和西方国家的餐饮方式及习惯有很大的差异性。总的来说,中国人吃饭比较讲究热闹和气氛,外国人吃饭讲究环境和服务。中餐对餐饮空间没有特别的要求,各种装修风格的餐饮空间都可以经营中餐。在国内,中餐是餐饮空间中最为重要、核心的部分,90%以上的餐厅都是以中餐菜品为主,中餐的经营效益就代表着整个餐厅的经营效益。武陵世家中餐厅如图4-1所示。

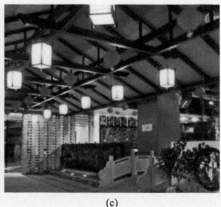

(a)   (b)   (c)

图 4-1 武陵世家中餐厅

4.1.2 中餐厅空间分类

中餐厅的空间分类包含两个部分:一个是包间;另一个是零点中餐厅。

包间是餐饮空间中人均消费最高,也是档次最高的地方。包间一般都是封闭空间,是用限定性较高的承重墙、隔墙等将空间围合起来,将空间的视觉、听觉、环境、温度、气味等完全和周围空间环境隔断,从而保证包间的空间私密性。包间与周围环境的行动性较差,其封闭程度是由隔墙和围护实体的限定性决定的。首先,一般到包间消费的客人都希望有一个良好的就餐环境;其次,商务宴请占了很大的比例,而包间则可以提高宴请档次,也代表对客户的一种重视,并可以形成一个安静的交流氛围;最后,机关人员也是餐厅包间的重要客户,他们也倾向于包间这种私密性比较强的空间。

4.1.3　中餐厅包间与零点中餐厅设计

包间的设计要注意以下内容。

(1)包间的门不要相对,应尽可能错开。

(2)餐桌不要正对包间门,否则,其他客人从走道走过就可将包间内的情况看得一清二楚。

(3)一些高档包间内,备餐间的入口最好要与包间的主入口分开,同时,备餐间的出口也不要对着餐桌。

一般而言,零点中餐厅的面积不宜过大,餐厅应增加包间的数量,并提高其质量。

在零点中餐厅中,最好不要设计排桌式的布局,那样一眼就可将整个餐厅尽收眼底,从而使得餐厅毫无档次。餐桌的设置要充分考虑不同的需求,分别设置4人桌、8人桌、10人桌等,包间的餐桌尺寸可以略偏大。目前,餐厅流行的布局方式是通过各类形式的玻璃、镂花屏风将空间进行组合,这样不仅可以增加装饰面,而且又能很好地划分区域,给客人留有相对私密的空间。南府涟漪中餐厅的散座区设计如图4-2所示。南府涟漪中餐厅的包间设计如图4-3所示。

　　　　　　(a)　　　　　　　　　　　　　　　　　(b)

图4-2　南府涟漪中餐厅的散座区设计

1.入口设计

零点中餐厅与贵宾包间应分设入口,同时,服务流线应避免与客人通道交叉。许多餐厅将包间设在零点中餐厅中,这很不科学:一是进出包间的客人会影响零点中餐厅客人的就餐;二是对包间客人也无私密性可言。所以,分设包间及零点中餐厅的入口非常有必要,同时在布局时还要考虑到将服务通道与客人通道分开,设计中要尽可能地考虑这些因素。过多的流线交叉不仅会降低服务的品质,而且还会给清洁与卫生带来很大的不便,不利于地毯等硬件设施的保养,合理的设计会将两通道明显地分开。

2.通道设计

通道的设计应满足顺畅、安全、便利的需要,不应过分追求餐桌、餐椅数量的最大化。具体来说,通道的设计要考虑到员工操作的便利性和安全性,以及客人活动空间的舒适性和伸展性。许多酒店在餐厅中设置一个很大的酒水服务台,这完全没有必要,因为大部分客人不会跑到酒水服务台点酒水或结账。服务台过大只会占用有限的空间,因此应设置比较隐蔽的位置,一个很小的服务台即可满足要求。零点中餐厅及包间区域尽可能减少地面高低的变化,提高空间的利用率。可选用不同的材质来区分不同的空间,南府涟漪中餐厅的服务台设计如图4-4所示,武陵世家中餐厅的通道设计如图4-5所示。

(a)

(b)

(c)

(d)

图 4-3 南府涟漪中餐厅的包间设计

图 4-4 南府涟漪中餐厅的服务台设计 　　　图 4-5 武陵世家中餐厅的通道设计

3.设施设备设计

零点中餐厅与包间都需有良好的通风。有些餐厅一进去就有一股酒味、油烟味,以及各种菜肴的混合味道,其问题就出在通风。这一问题是由多种因素造成的,厨房负压不够是常见的问题之一,增加负压可避免厨房油烟及菜味的逸出,还可避免整个酒店通风的串味。对餐厅进行平面布局时,设计者可将座位布置为吸烟区和非吸烟区,这样可以减小吸烟客人对非吸烟客人的影响,这一区域通风量的增加可减小对其他区域的影响。通风方面设计需要注意的另一常见问题是出风口正对客人或餐桌,那会影响客人的舒适性及菜肴的质量。设计者只有掌握了以上几个设计要点,才能营造宜人的就餐环境。

4. 灯光设计

关于中餐厅灯光设计的问题,太亮或太暗的就餐环境都会使客人感到不适,桌面的重点照明可有效地增进食欲,而其他区域则应相对暗一些,有陈设品的地方可用灯光突出,灯光的明暗结合可使整个环境富有层次。光源的选择要考虑显色性和照度,一般选用白炽灯或节能灯、卤素灯等突出菜品的形态与色彩,包间、走道的空间则要充分运用装饰性照明营造氛围。此外,还应避免彩色光源的使用,否则会降低餐厅的档次,也会使客人感到烦躁。

中餐厅的照明可利用自然光线,使空间变得通透明亮,如图4-6所示。

(a)　　　　　　　　　　　　　　　　　(b)

图4-6　中餐厅的灯光设计

包间可运用装饰性照明,营造空间氛围,如图4-7所示。

(a)　　　　　　　　　　　　　　　　　(b)

图4-7　包间的灯光设计

4.1.4 快题案例赏析

设计者根据餐饮空间原始平面图和基本建筑情况,结合自己对市场的考察及对生活的理解,设计一个主题性中餐厅,要求 A2 图纸两张,并以快题的形式表现,主要绘制内容包括平面布置图、立面图和主要空间效果图,写出设计说明,效果图以马克笔的表现形式为主。中餐厅快题设计如图 4-8 所示。

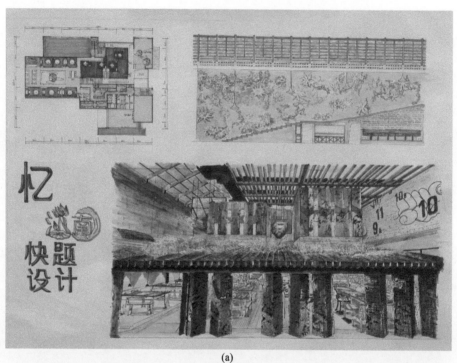

(a)

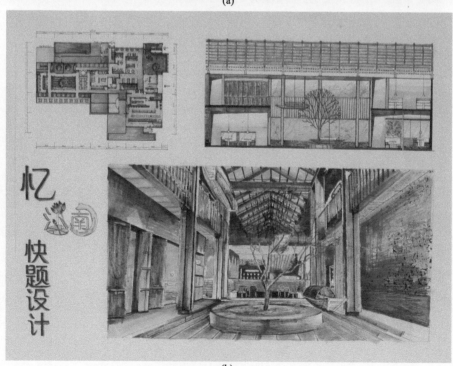

(b)

图 4-8 中餐厅快题设计(谢翔依 武汉工程大学邮电与信息工程学院)

4.2

西餐厅设计

4.2.1 西餐厅的概述

西餐厅也是一个很重要的餐饮空间,在这里,顾客不仅可以享用健康合理的饮食,还可以享受高品质的就餐环境、严谨的服务等。西餐厅很少有喧嚣热闹的场面,一般就餐环境非常优雅而富有情趣。西餐厅与其他餐厅最大的不同就在于厨房的设计,我们可以把它比喻成一个加工厂:标准的设备,准确的计量,对温度、加工时间的严格控制,一切都是按流程设计。

西餐传入我国已有几百年历史,但迅速发展期应该是最近这几十年。可以说,西餐在我国的流行与发展是中西文化交流的结果,也是餐饮文化走向多元化的一种表现。西餐厅强调私密性和情趣,既是餐饮的场所,也是人们社交的重要场合。

4.2.2 西餐厅的空间布局设计

好的布局、流畅的人流导向是西餐厅设计的关键。因为顾客在用餐过程中可能会离开自己的座位上洗手间等,所以要控制好流线,尽量减少流线的交叉,平面布局通常采用较为规整的方式。对服务台的设置要考虑到顾客流线,应保留足够宽松的过道空间。西餐厅的餐桌主要以方桌、长桌和卡座等形式为主,餐桌布置形式宽松,常用开敞空间的形式来处理。西餐厅在空间环境的风格上讲究精致、高雅,追求艺术性。

在西餐厅的空间划分上,根据不同的需求可划分为开放性空间、私密性空间与辅助性空间等。同时,西餐厅空间的大小、形式以及空间之间的组合要根据人机工程学进行合理设计。在不同的功能区域内,其分隔方式主要是根据不同的使用需求、空间层次以及趣味性进行设计,往往用墙、隔断等进行围合与分隔,使空间形态更加丰富,如图 4-9 所示。

(a)   (b)

图 4-9 西餐厅的空间布局设计

4.2.3　西餐厅的室内界面处理

西餐厅的室内空间是由多个小空间组成的综合空间形态。室内界面处理与设计是西餐厅的重要内容,能够直接影响到空间的氛围,它是由各种实体围合和限定的,包括顶棚、地面、墙体和隔断分隔的空间。在传统的西餐厅内,餐厅的墙面常采用磨光的大理石或花岗岩等光洁的材料,但有时搭配壁纸、木材、涂料乃至织物、皮革等较软的材料,形成质感上的对比。此外,为体现西方建筑的文化特色与风格,设计者常将西方古典柱式、拱券及角线等融入设计之中。顶棚的形式相对灵活,一般为平滑式或跌落式。不做吊顶的西餐厅,可悬挂一些织物、花格或各式各样的装饰物。地面采用石材、木材平铺或满铺地毯,色彩倾向统一和沉稳。西餐厅的室内设计如图 4-10 所示。

(a)

(b)

图 4-10　西餐厅的室内设计

4.2.4　西餐厅的室内陈设布置

西餐厅的室内陈设内容十分丰富,范围也比较广泛,主要包括家具,灯具,室内织物,墙壁上悬挂的各类绘画作品、图片、壁挂等,以及各类摆件等。陈设品在一定程度上既可表达一定的文化底蕴,同时又具有很好的审美价值。对于西餐厅的室内设计而言,其室内陈设同样被赋予了不同的民族特色与文化内涵,同时还能烘托整个环境空间的氛围。

西餐厅的室内陈设布置如图 4-11 所示。

4.2.5　西餐厅的灯光设计

西餐厅的环境照明要求光线柔和,应避免过强的直射光,设计应安静、典雅,灯光以柔和为美。就餐单元的照明要求可以与就餐单元的私密性结合起来,使就餐单元的照明略强于环境照明,西餐厅大量采用一级或多级二次反射光或有磨砂灯罩的漫射光。

常用的西餐厅灯具可以分成以下三类。

(1)顶棚常用古典造型的水晶灯、铸铁灯及现代风格的金属磨砂灯。

(2)墙面经常采用欧洲传统的铸铁灯和简洁的半球形上反射壁灯。

(a)

(b)

(c)

图 4-11 西餐厅的室内陈设布置

（3）绿化池和隔断常设庭院灯或上反射灯。

西餐厅的灯光设计如图 4-12 所示。

(a)

(b)

图 4-12 西餐厅的灯光设计

4.2.6 西餐厅的快题设计案例欣赏

设计者根据餐饮空间的原始平面图和基本建筑情况，结合自己对市场的考察及对生活的理解，设计一个主题性西餐厅,要求 A2 图纸两张并以快题的形式表现,主要绘制内容包括平面布置图、立面图和主要空间效果图,写出设计说明,效果图以马克笔的表现形式为主。西餐厅的快题设计如图 4-13 所示。

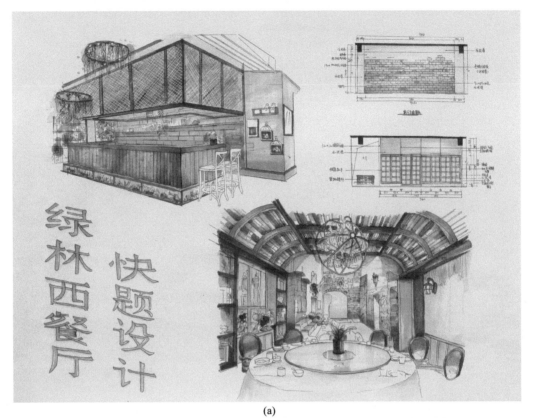

(a)

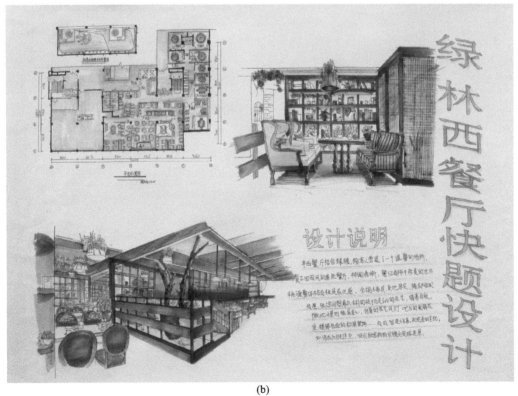

(b)

图 4-13　西餐厅的快题设计 （李胜男　武汉工程大学邮电与信息工程学院）

4.3
快餐店设计

4.3.1 快餐店的概述

快餐店是一个比较特殊的就餐环境,其室内环境设计除了给人们提供饮食场所的功能以外,还要具有一定的休闲功能及风格要求。快餐店一般选择人流量大或大众消费的街区。快餐店的规模一般不大,菜肴品种较为简单,多为大众化的中低档菜品,并且多以标准分量的形式呈现。因此,快餐店不能单单为了满足人们吃饭的需要,还要具有一定的休闲功能,同时还要有一定的文化情趣及富有人情味的氛围。快餐店在设计上一定要能满足空间结构的需要,对其功能及顾客的需求等进行综合考虑。一个成熟的快餐店,不仅能提供美味的食品和温馨的服务,还能给客人提供舒适的就餐环境。

4.3.2 快餐店的设计

1.空间布局及环境心理

快餐店有中式快餐店和西式快餐店两种。设计者在进行整个空间设计与布局规划时,要统筹兼顾,合理安排。设计者既要考虑顾客的安全性和便利性,又要考虑营业环节的顺畅、实用等诸多因素,同时还应注意划分出动区与静区,以免顾客在自助式服务区出现通行不畅、相互碰撞的现象。快餐店的设计应注意销售过程的快而简洁,避免不必要的人流重复。设计者对快餐店的布局要从功能出发,充分考虑顾客的消费特点,结合环境心理学,创造一个简洁明快、轻松活泼的人性化室内空间。快餐店的设计要以快为准则,还要注意空间布局及整体环境对顾客心理的影响和制约,从而体现快餐店这一特殊就餐环境的特点,如图4-14所示。

2.快餐店的设计要点

设计快餐店要注意以下几点。

(1)在平面布局上应保证员工有足够的操作空间,尽量避免内部管理区与营业区重合,餐台之间的通道距离,餐桌、餐椅的尺寸都应根据快餐店的规模档次设定。

(2)安排动线时应缩短服务人员的行走路线,以提高工作效率。

(3)明亮的光线会加快顾客的就餐速度,因此快餐店的照明要均匀、简洁。

(4)使用对比强烈、刺激活跃的色调,如红色与黄色。

图 4-14　快餐店的空间布局设计

4.3.3　快餐店的快题设计案例欣赏

　　设计者根据餐饮空间的原始平面图和基本建筑情况，结合自己对市场的考察及对生活的理解，设计一个主题性快餐店，要求 A2 图纸两张并以快题的形式表现，主要绘制内容包括平面布置图、立面图和主要空间效果图，写出设计说明，效果图以马克笔的表现形式为主。快餐店的快题设计如图 4-15 所示。

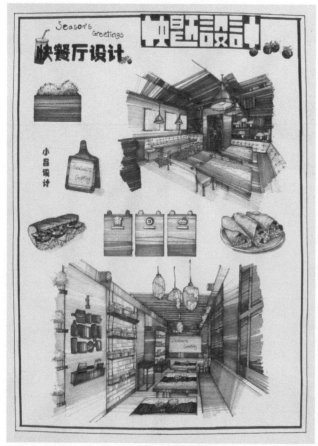

(a)

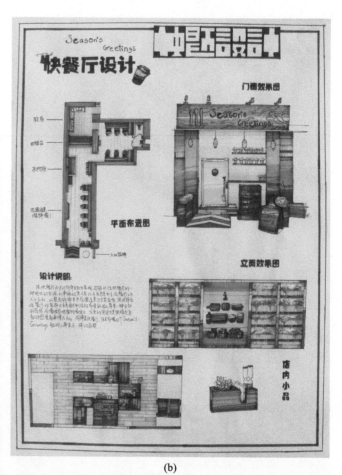

(b)

图 4-15 快餐店的快题设计 （罗薇 武汉工程大学邮电与信息工程学院）

4.4
咖啡厅设计

4.4.1 咖啡厅的概述

随着科技的发展和人们生活水平的提高,咖啡厅设计已经成为人们生活中不可缺少的一部分,人们来咖啡厅除了品尝咖啡的滋味外,还可以在咖啡厅放松心情,人们会选择环境优雅、安静舒适、色彩明快的咖啡厅。

咖啡厅是深受人们欢迎的一种娱乐场所,从最开始的原始咖啡厅发展到现在的休闲型咖啡厅、俱乐部型咖啡厅、街边饮料店、售货亭、咖啡餐厅等。休闲型咖啡厅有一定的特色和主题,所处环境往往是在某一古迹或旅游景点内或周边。俱乐部型咖啡厅通常设在办公环境内,包括工厂、写字楼、大专院校内部和其他机构内部或附近。街边饮料店、售货亭的经营特点是快速服务,包括汽车专用通道,以便开车的人能够不用下车就买到一杯咖啡,或者是在某些临时活动场所提供特定时间内的咖啡服务。咖啡餐厅是一种快餐店的经营理念,一般饭店里都有,其作用是全天提供不复杂的餐饮项目。综上所述,咖啡厅可以说是提供咖啡、饮料、茶水的半公开的交际活动场所。咖啡厅的门厅设计如图 4-16 所示。

图 4-16　咖啡厅的门厅设计

4.4.2　咖啡厅的布局要点

在咖啡厅空间中,不同的材质和色彩体现了空间的特殊性。咖啡厅的平面布局比较简明,内部空间以通透为主,一般都设置成一个较大的空间,厅内有合理的交通流线。座位的平面布局根据立意可有各种各样的布置方式,但应遵循一定的规律,有两点是必须注意的,即秩序感与边界依托感,前者从秩序条理性出发,后者是考虑人的行为心理需求。此外,还要考虑主体顾客的组成及座位布局的灵活性等。

咖啡厅的平面布局可以归纳为以下几个方面:一是要保证空间的流通,如通道、走廊、座位等空间;二是管理空间,如服务台、办公室、休息室等空间;三是调理空间,如配餐间、主厨房、冷藏保管室等空间;四是公共空间,如洗手间等空间。不同风格咖啡厅的布局设计如图 4-17 所示。

4.4.3　咖啡厅的设计细节

1. 吧台

吧台由前吧台、后吧台和中心吧台构成。前吧台包括宾客消费吧台和吧凳,中心吧台为操作台,后吧台为酒品展示柜。吧台是整个餐厅的焦点,因此在规划设计上既要有一定的特色,又要便于操作和服务。

吧台的位置应该设置在至少能衔接两个分开的营业区域。吧台的备餐间通常靠近储藏室,柜台应设置在酒吧空间里的侧边,并与主流线保持一定的距离,但要能引人注意。

吧台的备餐区包括两个柜台,柜台间的通道用来传菜,其宽度一般为 0.84~0.9 m,规模较大的酒吧可设置为 0.9~1.0 m。在食品服务上提供小吃的酒吧,其吧台要分隔出大约 30 cm 长的一部分为宾客提供服务,并应配备小型烹饪设备和食品存放架、消毒设备等。不同风格咖啡厅的吧台设计如图 4-18 所示。

图 4-17　不同风格咖啡厅的布局设计

图 4-18　不同风格咖啡厅的吧台设计

　　前吧台的服务台高度为 0.9～1.08 m,服务操作台高度通常低于服务台台面 0.15 m。提供饮品的柜台台面宽度至少为 0.45 m,柜台总宽度通常为 0.6～0.7 m,柜台内部食品烹饪设备所需空间宽度至少为 0.6 m,若是环岛形柜台,其存放设备的空间和服务人员的走动空间至少为 0.9 m。柜台的长度与设备尺寸、服务速度、座位数量以及柜台的结构有关。通常依据接待宾客的数量决定其长度,每 0.6 m 柜台设置一个座位,柜台台面伸出供宾客双膝活动的空间最少为 0.23 m。吧凳高度一般为 0.75 m,垫脚栏杆高度为 0.2～0.25 m 或设置成垫脚台阶形式。

中心吧台是服务人员的工作台,其规划原则是减少不必要的操作和活动频率。中心吧台可分为操作服务区、洗涤区和储藏区三大部分。操作服务区内设收银区、苏打水喷枪、微波炉、常用酒栏、冰块储存箱、干净杯具台和悬挂杯架等器具。洗涤区设洗涤杯具台、洗涤盆、沥水盆等器具。储藏区设冰箱、制冰机、酒品陈列架等设备。吧台内要设有上下水和冷热水。

吧台的装饰材料要考虑选用耐湿、耐冲击的材料。操作服务区宜采用高强度的塑料和不锈钢等硬质材料,吧台的形式要具有个性和特色。

2. 咖啡厅家具与座位布置

咖啡厅注重宾客的交流和阅读,通常采用柜台、方桌和卡座等餐桌组合形式。柜台要考虑具有代表性、使用者的人机尺度以及操作管理的服务方式。柜台的高度通常为 0.9~1.08 m,台面宽度最小尺寸为 0.45 m,柜台总宽度为 0.6~0.7 m。一个宾客占用柜台宽度约 0.6 m。方桌的边长通常为 0.75~1.0 m,档次越高,桌子越大。方桌的运用灵活,如遇到宾客人数超过 4 人,又想坐在一起聊天时,可以将两三张方桌拼合起来,灵活运用来满足宾客们的需要。卡座区常使用凹入空间的形式来处理,用隔断将其分隔,卡座区因其被分隔而具有一定的私密性和独立性。设计者在设计卡座时可根据需要对其进行任意排列组合和灵活布局,凹入空间可以丰富空间形式,增添空间的变化和调节空间情绪。像咖啡厅这种注重氛围的餐饮场所,除了依靠简单的装饰设计来营造氛围外,还可设置轻音乐演奏区(如钢琴、小提琴、古典乐器等)增添环境气氛,使宾客有宾至如归的感觉。咖啡厅的音乐演奏区设计如图 4-19 所示。

(a)

(b)

图 4-19　咖啡厅的音乐演奏区设计

4.4.4　咖啡厅的快题设计案例欣赏

设计者根据餐饮空间的原始平面图和基本建筑情况,结合自己对市场的考察及对生活的理解,设计一个主题性咖啡厅,要求 A2 图纸两张并以快题的形式表现,主要绘制内容包括平面布置图、立面图和主要空间效果图,写出设计说明,效果图以马克笔的表现形式为主。咖啡厅的快题设计如图 4-20 所示。

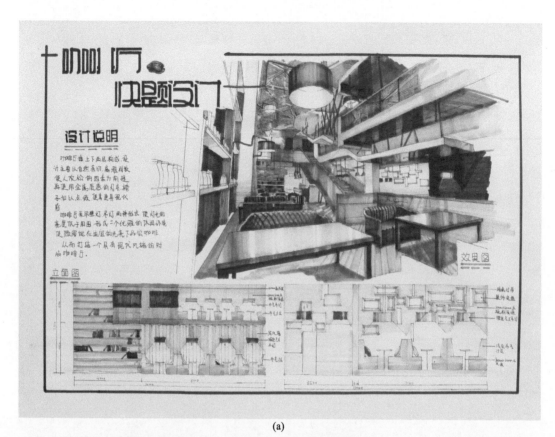

(a)

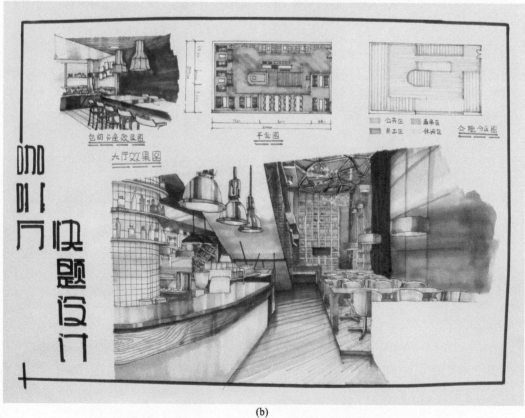

(b)

图 4-20 咖啡厅的快题设计 （何思维 武汉工程大学邮电与信息工程学院）

4.5

自助餐厅设计

4.5.1 自助餐厅的概述

自助餐是一种由宾客自行挑选、自由拿取或自烹自食的一种就餐形式,因形式自由、随意、灵活而受到消费者的喜爱。自助餐的特点是客人可以自我服务,菜肴不用服务员传递和分配。自助餐厅的就餐方式灵活,可自由选择,还可自行烹煮。自助餐厅大致可以分为两种形式:一种是客人到一种固定设置的食品台选取食品,然后依所取种类和数量付账;另一种是支付固定金额后可任意选取。

4.5.2 自助餐厅的设计要点

设计者在设计自助餐厅时要注意以下几点。

(1)注意平面布局的合理性,应该把餐具、熟食、半成品、甜点、水果和饮料分类存放。一般是在餐厅中间或两侧设置大餐台,大餐台有主菜区、冷食区、热食区、甜食区和饮料、水果等区域。

(2)自助餐厅的通道比普通餐厅宽,空间明亮宽敞,使顾客在取用食品时走动方便,设计时必须有明确的人流路线,主要通道和副通道都要合理安排,自助餐厅要方便客人取菜,同时要有很好的视觉效果。

(3)自助餐厅座位除了设置普通席外,还可以设置柜台席,方便顾客独自进餐,其内部空间设计应采用开敞和半开敞的分布格局。自助餐厅的座位设计如图 4-21 所示。

(a)

(b)

图 4-21 自助餐厅的座位设计

（4）食品陈列区应该设置在餐厅的中心部位，以方便每一个区域的顾客都能快捷地拿取食物，也方便工作人员及时增加菜品。自助餐厅的食品陈列区设计如图4-22所示。

(a)

(b)

图4-22　自助餐厅的食品陈列区设计

4.5.3　自助餐厅的快题设计案例欣赏

设计者根据餐饮空间的原始平面图和基本建筑情况，结合自己对市场的考察及对生活的理解，设计一个主题性自助餐厅，要求A2图纸两张，并以快题的形式表现，主要绘制内容包括平面布置图、立面图和主要空间效果图，写出设计说明，效果图以马克笔的表现形式为主。自助餐厅的快题设计如图4-23所示。

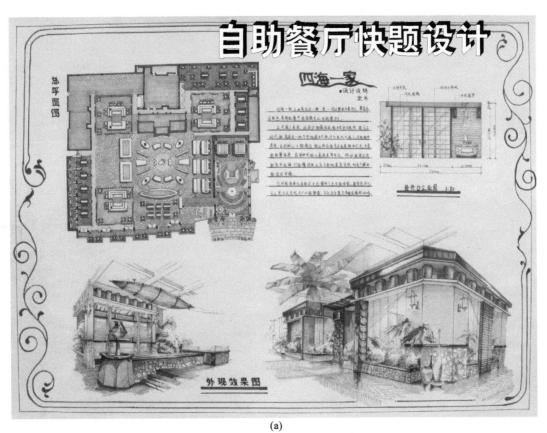

(a)

(b)

图 4-23　自助餐厅的快题设计　（梁慧敏　武汉工程大学邮电与信息工程学院）

4.6

西式甜品店设计

4.6.1 西式甜品店的概述

在中国经济突飞猛进的发展过程中,人们的生活质量也在快速提升,越来越多的人开始追求生活的趣味与质量。近年来,一些装修非常有格调的西式甜品店慢慢兴起,这些空间与现代年轻人的消费目标、趣味相投。目前,人们不仅对西式甜品店的甜品质量要求越来越高,而且对西式甜品店内的装修质量和视觉效果要求也在不断提高。

4.6.2 西式甜品店的设计

在西方国家,甜品是正餐后的点心。西式甜品店有别于普通的西餐厅,其灯光设计风格与普通的西餐厅不同,不同区域间的灯光照度与色度有区别,灯光主要以暖色调为主,可提供一种温馨、静谧的氛围。以巧克力色为主题元素的西式甜品店的设计如图 4-24 所示。

(a)　　　　　　　　　　　　(b)　　　　　　　　　　　　(c)

图 4-24　以巧克力色为主题元素的西式甜品店的设计

现在,人们尤其是年轻人对就餐环境的要求越来越高,而西式甜品店作为年轻人喜爱光顾的场所之一,其室内的装修质量对其经营状况好坏起着至关重要的作用,而灯光的运用是不容忽略的。

西式甜品店的灯光设计如图 4-25 所示。

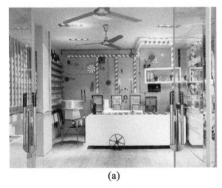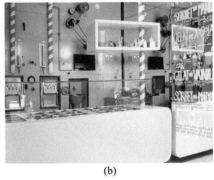

(a)   (b)   (c)

图 4-25　西式甜品店的灯光设计

在现代生活中,人们对甜点的消费已成为一种生活时尚。西式甜点店除了为消费者提供一个合理的功能区域外,还应提供一个舒适的环境来吸引顾客,消费者若觉得身心愉悦就会自然而然地多花钱、多消费。也就是说,良好的方案设计可营造良好的空间环境,使其充满艺术氛围,用视觉冲击来激发消费者的情绪,以便提高甜品店的知名度。

以气球元素为主题的西式甜品店的设计如图 4-26 所示。

(a)   (b)   (c)

图 4-26　以气球元素为主题的西式甜品店的设计

4.6.3　西式甜品店的快题设计案例欣赏

设计者根据餐饮空间的原始平面图和基本建筑情况,结合自己对市场的考察及对生活的理解,设计一个主题性西式甜品店,要求 A2 图纸两张并以快题的形式表现,主要绘制内容包括平面布置图、立面图和主要空间效果图,写出设计说明,效果图以马克笔的表现形式为主。西式甜品店的快题设计如图 4-27 所示。

(a)

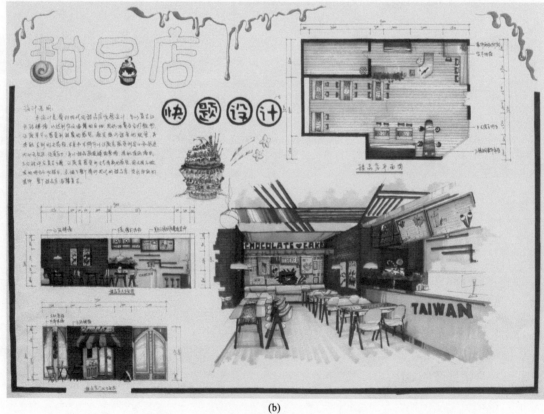

(b)

图 4-27 西式甜品店的快题设计 （吴彤 武汉工程大学邮电与信息工程学院）

4.7

火锅店设计

4.7.1　火锅店的概述

火锅越来越为人们所关注,关注它的历史及文化,关注它的风味和品种,关注与之相关的卫生和健康,同时也越来越关注火锅餐饮形式的餐饮环境。此类餐厅设备很讲究,安排有排烟管道,条件好的地方备有空调,一年四季都能不受天气影响。

火锅的经营方式有两种:一是分食火锅;二是隔味火锅。这两种形式的火锅均是按照顾客的不同需求而设计安排的,可以满足不同的需求。吃火锅是人们享受食品由生到熟、自己加工的一种就餐过程,所以火锅店的设计不仅要考虑人流的合理性,还要对火锅的特点有一定的了解。火锅的烹饪方式独特,通常都是以液化气、电磁炉、固体燃料等作为加热方式。

设计者在设计火锅店时应注意以下几点。

(1)厨房的设置应与烹饪方式配合,适当增加冷冻库、料理台和清洁池的面积。

(2)吊顶的设计要考虑抽油烟系统,并通过装饰处理加以美化。

(3)餐桌的设计应结合菜架、燃料管道设备以及电源的设置。

(4)地面应选择防滑性能良好的材料。

4.7.2　火锅店的设计要点

(1)火锅店的总体环境布局要充分体现交通通畅、菜品服务点布置合理、服务安全方便等,这种要求来自于消费者流转快、菜品多、配餐丰富、消费者点菜具有随意性和及时性、烹饪的时效性等经营特性,设计合理的火锅店有利于提高服务效率。

(2)在设计火锅店时必须综合考虑餐厅的空间大小、餐厅的档次、就餐秩序、就餐人数等因素。室内场地若利用不合理,效果会大打折扣:如餐桌布置过多,客容量大,使得环境嘈杂,流动空间小,安全性会随之降低;餐桌布置太少,缺乏就餐氛围,则会造成场地浪费等问题。因此,火锅店、烧烤店用的餐桌多为4人桌和6人桌,由于中间放炉灶,这样的用餐半径比较合理,使用效率也高。

(3)火锅店的最大环境问题是如何去除余味,这个问题十分突出,主要表现在两个方面:一是大厅内始终弥漫着火锅味,显得空气不洁净;二是就餐结束后,满身都有火锅味。针对这些问题完全可以采取以下措施:如合理安排排烟管道,每张桌子上空都应设吸风罩,保证烧烤时油烟不散播开来。装修时少用软质材料,减少空气的浸入和滞留时间;墙、顶面造型尽可能简洁、平整,少起伏变化,有利于空气流通;空间分割不宜太多、太小,这样有利于空气对流等。只有火锅店的空气质量得到有效的保障,顾客的用餐环境才会更加舒适。锦城印象火锅店的设计如图 4-28 所示。

(a) 平面图

(b) 门厅设计

(c) 卡座设计

(d) 包间设计

(e) 散座区设计

(f) 收银台设计

图 4-28　锦城印象火锅店的设计

4.7.3　火锅店的快题设计案例欣赏

　　设计者根据餐饮空间的原始平面图和基本建筑情况,结合自己对市场的考察及对生活的理解,设计一个主题性火锅店,要求 A2 图纸两张并以快题的形式表现,主要绘制内容包括平面布置图、立面图和主要空间效果图,写出设计说明,效果图以马克笔的表现形式为主。火锅店的快题设计如图 4-29 所示。

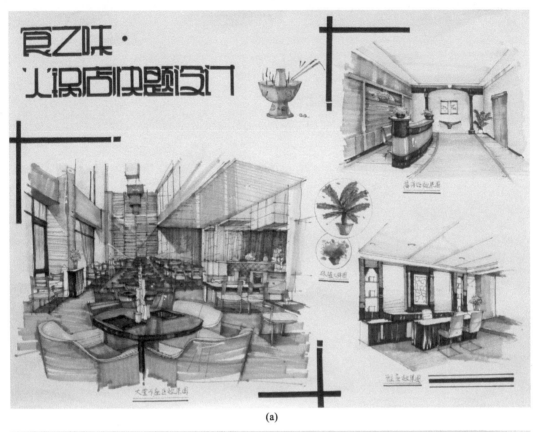

(a)

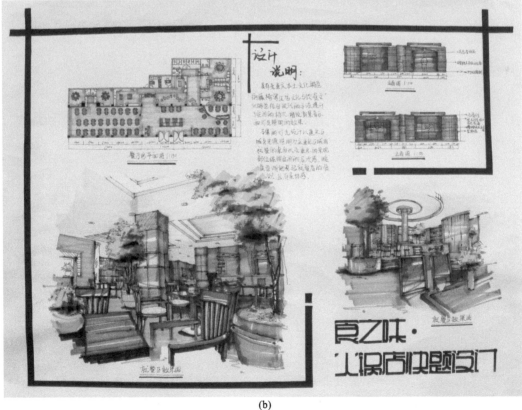

(b)

图 4-29 火锅店的快题设计 （张梦婷 武汉工程大学邮电与信息工程学院）

4.8

宴会厅设计

4.8.1　宴会厅的概述

宴会厅与一般餐厅不同,主要用于各种宴会庆典和团体会议,设计重视布置和礼仪,体现高贵隆重的特点。宴会厅主要提供就餐、会议、休闲、娱乐等基本功能设施,可以根据需要进行隔断,并设置宾客接待室、物品存放室、会议演讲台、餐厅服务台、休息室、舞台等辅助设施。宴会厅一般采用长方形的格局,靠前设置固定或活动的主席台和相应的服务间、休息室等。

4.8.2　宴会厅的空间布局及尺寸

(1)宴会厅的布局要灵活变化,可用折叠门或屏风进行灵活隔断来分隔空间,以满足不同功能的使用需求。如入口处应设置接待和衣帽间,厅内要考虑设置储藏间,以便于设施设备和家具的存放。舟山圣地亚大酒店宴会厅的设计如图 4-30 所示。

(2)宴会厅的空间面积指标须根据不同的活动内容来确定,小型宴会厅的净高为 2.7～3.5 m,大型宴会厅的净高为 5 m 以上。

(2)宴会厅是大型的公共活动场所,客流量较大且相对集中,因此宴会厅通常设在酒店的底层。宴会厅主要是由门厅、衣帽间、休息室、音箱设备控制室、服务间、同声传译间、化妆间、主席台、公共洗手间、活动隔断、家具设备储藏间等构成。

4.8.3　宴会厅的流线与灯光设计

宴会厅的出、入口应设置两个以上,以便于人群的疏散和满足消防防火规范。宾客流线与服务流线参照餐厅流线设计。宾客的出、入口不宜靠近舞台,可设在大门的侧边和后面。大门的净宽尺寸不小于 1.4 m,且出、入口应无台阶,如果有台阶应距离大门 1.4 m 以上,大门应采用向疏散方向开启的平开手推门。

宴会厅的灯光设计,因为宴会厅属于大型聚会场所,一般都配备有舞台,所以相应的灯光设计是比较复杂的。针对舞台区域,可设置一些舞台摇头灯、LED PAR 灯、追光灯等,一般光照度为 150～750 lx。照明方式要体现多样性,通过调光器和分路开关设备以适应不同功能的需求。大厅内以装饰性灯具为特色,可用顶灯、壁灯装饰。因为宴会厅的功能特殊,不单限于用餐使用,还有会议及庆典等,所以宴会厅的灯光可以稍显明亮。

一般而言,不同主题的宴会,宴会厅的气氛要求也各不相同。宴会厅的环境气氛设计要素很多,这些设计要素直接影响着宴会厅对顾客的吸引力。

(a) 大型宴会厅

(b) 小型宴会厅

(c) 门厅

图 4-30　舟山圣地亚大酒店宴会厅的设计

4.8.4　宴会厅的快题设计案例欣赏

　　设计者根据餐饮空间的原始平面图和基本建筑情况,结合自己对市场的考察及对生活的理解,设计一个宴会厅,要求 A2 图纸两张并以快题的形式表现,主要绘制内容包括平面布置图、立面图和主要空间效果图,写出设计说明,效果图以马克笔的表现形式为主。宴会厅的快题设计如图 4-31 所示。

(a)

(b)

图 4-31　宴会厅的快题设计　（罗丹丹　武汉工程大学邮电与信息工程学院）

4.9
茶楼设计

4.9.1　茶楼的概述

华夏文明源远流长,茶文化经过了几千年的积累与沉淀,形成了独特的文化传统。

茶楼是将茶水作为一种商品的经营场所,也向人们提供了饮茶休闲、谈天论地的环境。中国的饮茶方式及相应的茶舍、茶室及茶楼建筑自古就呈现着多样化发展的趋势。从茶楼的发展历史来看,茶楼不仅是单纯供应茶水的商业场所,更多的是被注入了文化、经济、政治的因素,可以说茶楼复合了多项功能,成为一种文化与信息的媒介。茶楼的空间是由部空间与外部空间构成的,内部空间与外部空间相对应,两者的关系紧密相连,同时又相互交融。

4.9.2　茶楼的空间设计

1. 服务空间

茶楼的服务空间是指茶楼中服务人员的工作空间。茶楼的空间设计不仅需要考虑到消费者的感受,也要考虑到服务人员的工作特点,使他们的工作更有效率,为消费者提供更优质的服务。在工作中,服务人员需要及时观察到消费者的需要,工作动线的序列与流畅性安排都是设计中的重点。绵阳茶人府的吧台设计如图 4-32 所示。

2. 交流空间

现代都市茶楼的交流方式往往是朋友聚会与商务洽谈。消费者的交流对象不同,对交流空间的私密性要求也不同。包厢与雅座是具有私密性的交流空间,利用桌椅、绿化盆景、装饰摆件有意识地布置都能对空间的开敞与封闭产生影响。绵阳茶人府的包间设计如图 4-33 所示。

3. 体验空间

在茶楼里,消费者首先享受的是一种文化氛围,其次才是食物或饮品。主题文化是茶楼这类经营场所的灵魂所在,设计者可通过设计手段充分营造这种文化氛围。清源上林湖茶楼的内部空间布局如图 4-34 所示。

4. 展示空间

在茶楼中开设传统曲艺或茶道的表演,不仅是吸引顾客消费的娱乐方式,同时也是传播传统文化的有效渠道。在茶楼的展示空间中需要注意以下几点。一是表演的展示,如戏曲、相声等需要有相应的戏台与观演空间;老舍茶馆为了扶植传统艺术,常年设曲艺表演,而八仙桌与老戏台的组合形成了别具韵味的空间。二是文化的展示,如茶楼中常设的博古架展示了各类茶壶与古玩,或是在墙上悬挂国画、书法等。适当的装饰品往往使茶楼这类空间更加富有特色,起到画龙点睛的作用。绵阳茶人府的展示空间设计如图 4-35 所示。

图 4-32　绵阳茶人府的吧台设计

(a)

(b)

图 4-33　绵阳茶人府的包间设计

图 4-34　清源上林湖茶楼的内部空间布局

(a) 茶叶展示区

(b) 门厅的展示空间设计

图 4-35 绵阳茶人府的展示空间设计

　　现代人需要健康放松的休息场所,茶楼与其他类型的商业休闲空间相比,不仅注入了文化内涵,还注入了健康观念,使其环境更为优雅与舒适。对于茶楼的空间设计而言,既要传承茶楼所承载的悠久文化,又要考虑到现今人们实际的需求。

　　茶是全世界广泛饮用的饮品,种类繁多,具有保健功效,各类茶楼、茶室成为人们休闲会友的好去处。茶室的装饰布置通常以突出古朴的格调、清远宁静的氛围为主。目前,茶室以中式与日式风格的装饰布置为多。

4.9.3　茶楼的快题设计案例欣赏

　　设计者根据餐饮空间的原始平面图和基本建筑情况,结合自己对市场的考察及对生活的理解,设计一个主题性茶楼,要求 A2 图纸两张并以快题的形式表现,主要绘制内容包括平面布置图、立面图和主要空间效果图,写出设计说明,效果图以马克笔的表现形式为主。茶楼的快题设计如图 4-36 所示。

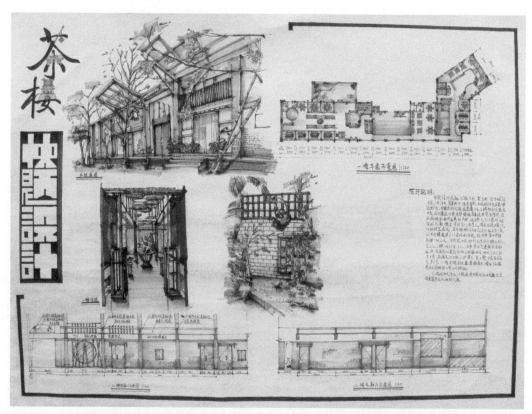

(a)

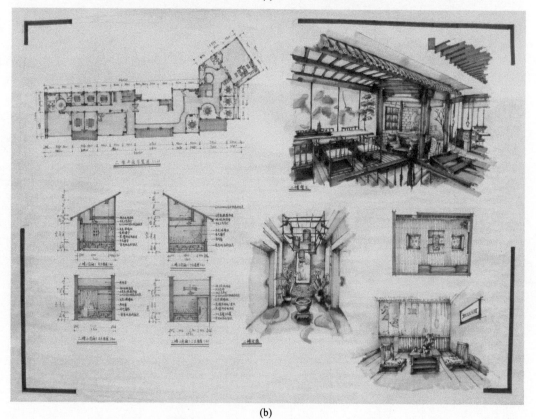

(b)

图 4-36　茶楼的快题设计　（莫清秀　武汉工程大学邮电与信息工程学院）

4.10

酒吧设计

4.10.1 酒吧的概述

酒吧是人们进行社会礼仪、感情交流的重要场所之一,酒吧消费更是现代人享受不同品位餐饮娱乐文化的生活方式。优秀的酒吧设计能有效地提升空间的美学品位和艺术审美效果,获得一种闲情雅致的体验和文化情趣美。现代酒吧设计也在经济发展浪潮的推动中和时尚文化的洗礼中异军突起,在餐饮娱乐空间设计中发挥着极其重要的作用。

个性是酒吧风格设计的灵魂,酒吧的设计风格应个性鲜明、风格独特。多元化是现代酒吧个性风格的新走向,或张扬,或古朴,或压抑,或释放。酒吧在功能区域上包括座席区(含少量站席)、吧台区、化妆室、音响、厨房等几个部分,少量办公室和洗手间也是必要的。一般每个席位为 1.3～1.7 m²,通道为 750～1300 mm,吧台宽度为 500～750 mm,可视其规模设置酒水储藏库。香港 OZONE 臭氧酒吧的空间布局如图 4-37 所示。

(a)   (b)

(c)   (d)

图 4-37 香港 OZONE 臭氧酒吧的空间布局

4.10.2 酒吧的设计要点

酒吧的设计要点包括如下内容。

(1)酒吧的设计风格应讲究个性和主题化。

(2)酒吧的桌椅高度根据顾客的需求相应变化。

(3)酒吧的空间布局宜灵活多样,空间的公共性和私密性要相互结合。

(4)酒吧宜采用没有眩光的点光源和装饰性照明,但是对于视觉中心(如吧台、吧柜等)要重点突出,采用高照度光源。

(5)很受年轻人欢迎的酒吧要增设演出区和跳舞区,装饰风格应具有活力与动感。

国外一体化酒吧吧台的设计如图 4-38 所示。

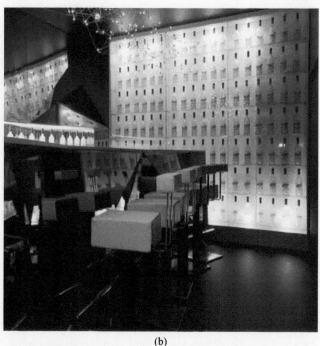

(a)　　　　　　　　　　　　　　　　　　　　(b)

图 4-38　国外一体化酒吧吧台的设计

4.10.3 酒吧空间分类

酒吧空间分为两种:动态空间和静态空间。动态空间是引导大众从动的角度来观察周围的事物,把人带到一个时空结合的第四空间中,如光怪陆离的光影、生动个性的背景音乐。静态空间又分为开敞空间和封闭空间。开敞空间是外向的,强调与周围环境的交流,开敞空间经常作为过渡空间,有一定的流动性和趣味性,是开放心理在环境中的体现。封闭空间是内向的,具有很强的私密性,为了打破封闭的沉闷感,经常采用灯、窗来扩大空间感和增加空间的层次。无论是开敞空间还是封闭空间,设计者都可以利用天花板的升降、地面的高差,以及围栏、列柱、隔断等进行多层次空间分割。

　　酒吧讲究个性特色和文化主题,注重环境效果的冲击,灯光、色彩比较含蓄。酒吧的空间设计是另类或者说是边缘的空间设计,是设计者个人综合艺术素养和人生经历的体现。罗马尼亚主题风格小酒馆的设计如图4-39 所示。

图 4-39　罗马尼亚主题风格小酒馆的设计

4.10.4　酒吧的快题设计案例欣赏

　　设计者根据餐饮空间的原始平面图和基本建筑情况,结合自己对市场的考察及对生活的理解,设计一个主题性酒吧,要求 A2 图纸两张并以快题的形式表现,主要绘制内容包括平面布置图、立面图和主要空间效果图,写出设计说明,效果图以马克笔的表现形式为主。酒吧的快题设计如图 4-40 所示。

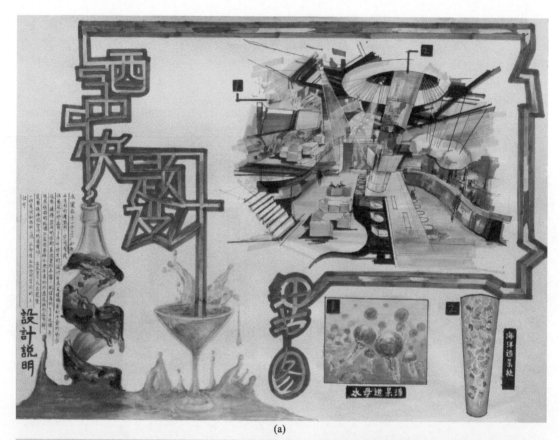

(a)

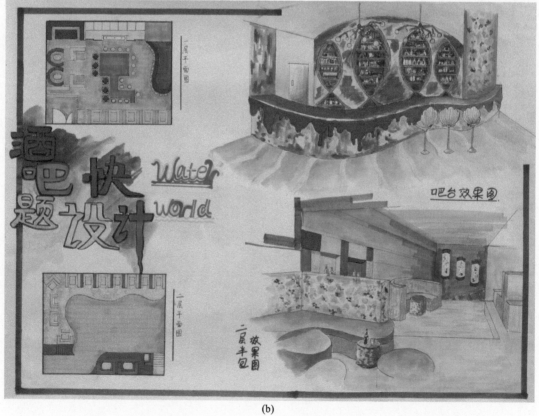

(b)

图 4-40 酒吧的快题设计 （喻铉清 武汉工程大学邮电与信息工程学院）

第5章

餐饮空间室内设计实例

CANYIN KONGJIAN SHEJI

5.1
风和日丽日式料理店的设计

风和日丽日式料理店的建筑面积有 300 m²，分为上、下两层：一层采用"回"字形的空间布局，二层采用"工"字形的空间布局，满足就餐人数同时，保证了交通流线的流畅性。

"风"即型，型则见方见圆，依原结构分为大方、小方，规则秩序阵列，稳而不乱。

"和"即聚，四人方桌显然不够聚合之意，桌与桌之间的分隔形式采用竹帘做成软隔断。

"日"即明，明则见光，有光必有影。温馨和谐的光环境中，各式小品起到画龙点睛的作用。

"丽"即色，稳重大方的深咖啡、浅咖啡主调，暖色的色光更渲染出了一份美食的欲望。白色细竹，红色小花格外显眼，直逼视觉中心……

风和日丽日式料理店的设计工程图如图 5-1 所示。

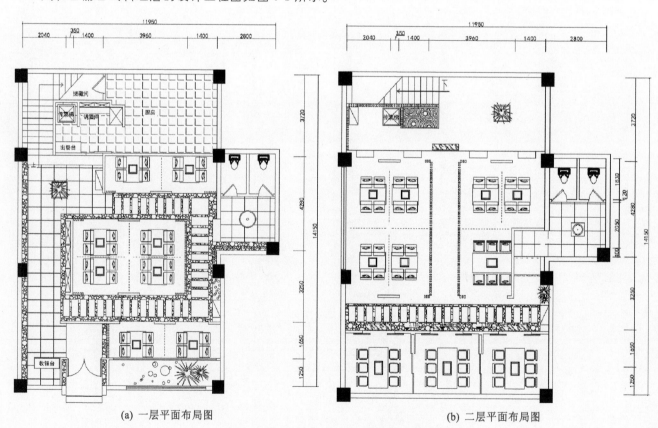

(a) 一层平面布局图　　　　　　(b) 二层平面布局图

图 5-1　风和日丽日式料理店的设计工程图

(c) 外景效果图

(d) 卡座区效果图

(e) 主通道效果图

(f) 包间效果图

续图 5-1

风和日丽日式料理店的室内实景图如图 5-2 所示。

(a) 门厅实景图(一)

(b) 门厅实景图(二)

(c) 卡座区实景图(一)

(d) 卡座区实景图(二)

(e) 小品实景图(一)

(f) 小品实景图(二)

图 5-2　风和日丽日式料理店的室内实景图

5.2

云咖有你咖啡厅的设计

云咖有你咖啡厅的空间环境为开放式格局,分为上、下两层:一层为开放交流聚会区域,阳光透过落地玻璃洒落在砖墙和木地板上,给人以放松、愉悦的空间体验;二层为私密空间,适合情侣及商务洽谈。整个咖啡厅的布局小巧精致,家具与陈设设计独具匠心,处处体现了设计者的良苦用心,旨在让每一位客人都可以细细品味慢生活的氛围。

云咖有你咖啡厅的设计效果图如图 5-3 所示。

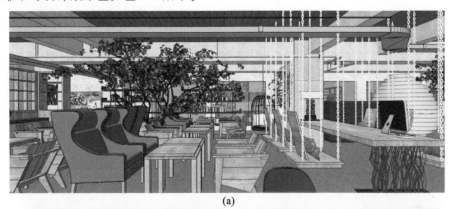
(a)

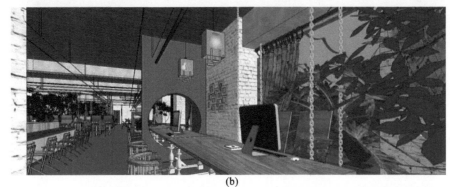
(b)

(c)

图 5-3 云咖有你咖啡厅的设计效果图

云咖有你咖啡厅的实景图如图 5-4 所示。

(a)

(b)

(c)

图 5-4　云咖有你咖啡厅的实景图

5.3

嘻哈虾餐厅的设计

嘻哈虾餐厅位于重庆市渝北中区,该区域为重庆市的经济中心,周围人群以公司上班族及时尚人群为主,所以本方案以时尚、前卫的美国街头嘻哈文化为主题,迎合当代年轻人的心理特点。整个餐厅装修色彩对比强烈,室内陈设夸张,个性鲜明,让每一位置身其中的食客享受美食的同时得到身心放松。

嘻哈虾餐厅的实景图如图 5-5 所示。

(a)   (b)   (c)

(d)   (e)

图 5-5　嘻哈虾餐厅的实景图

5.4
华清池御膳苑的设计

华清池御膳苑位于西安市,其整体装修为传统中式风格。其中,一层设有卡座 13 组,圆桌 4 组,可容纳宾客 86 人;二层设置圆桌 14 组,可容纳宾客 112 人。设计台位配置合理,盛唐元素风格浓郁,菜品突出陕西地方特色,使得华清池御膳苑具有接待散客、团队桌餐、团队自助及中型宴会等功能,满足了各类人群的餐饮需求。

华清池御膳苑的设计工程图如图 5-6 所示。

华清池御膳苑的实景图如图 5-7 所示。

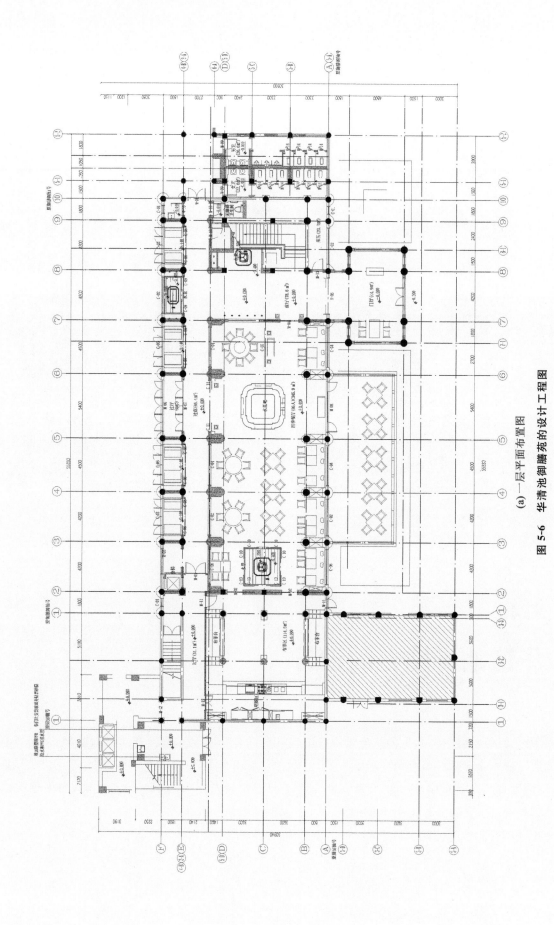

(a) 一层平面布置图

图 5-6 华清池御膳苑的设计工程图

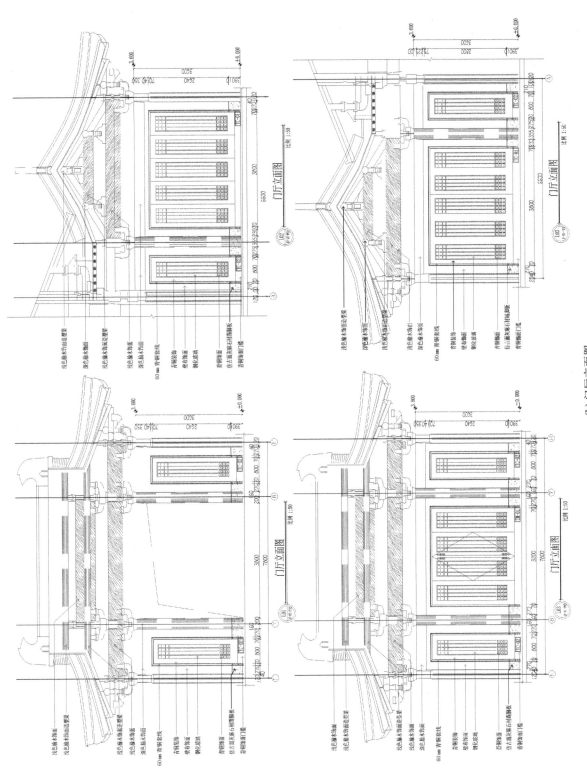

(b) 门厅立面图

续图 5-6

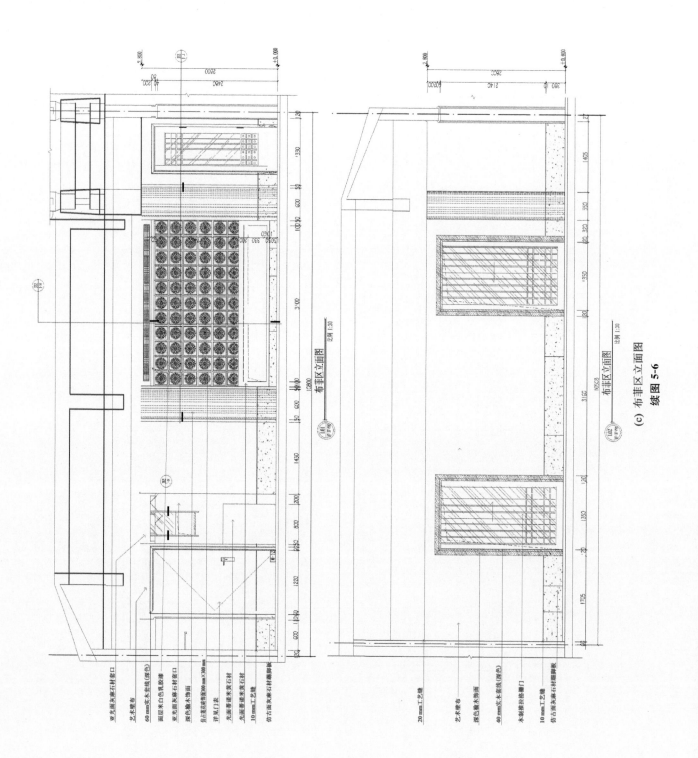

(c) 布菲区立面图

续图 5-6

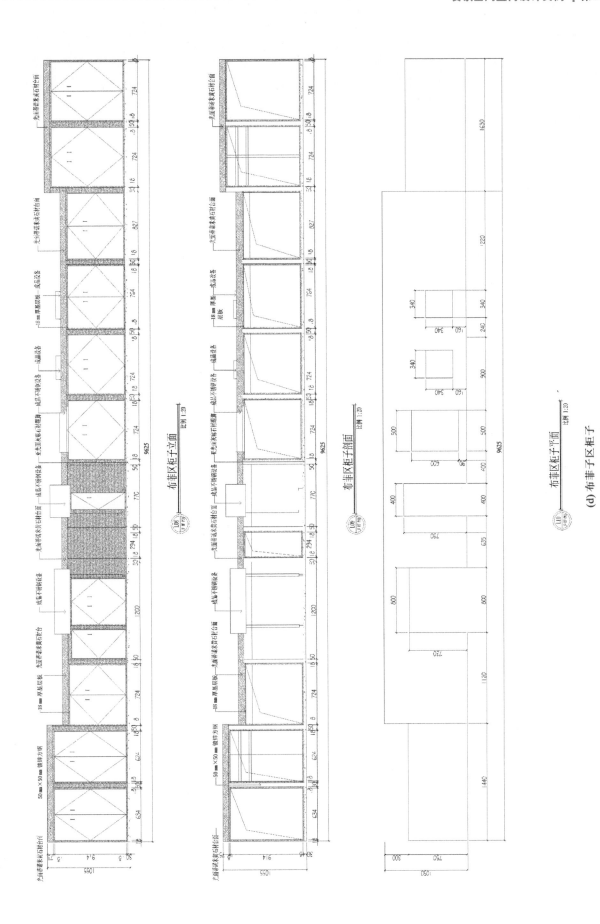

布菲区柜子立面 比例1:20

布菲区柜子剖面 比例1:20

布菲区柜子平面 比例1:20

(d) 布菲区柜子

续图 5-6

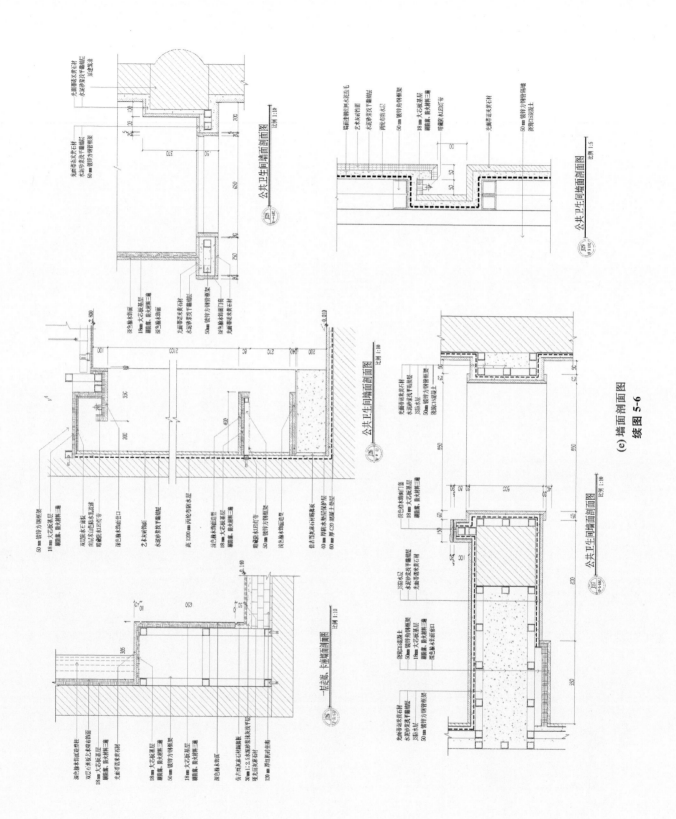

(e) 墙面剖面图

续图 5-6

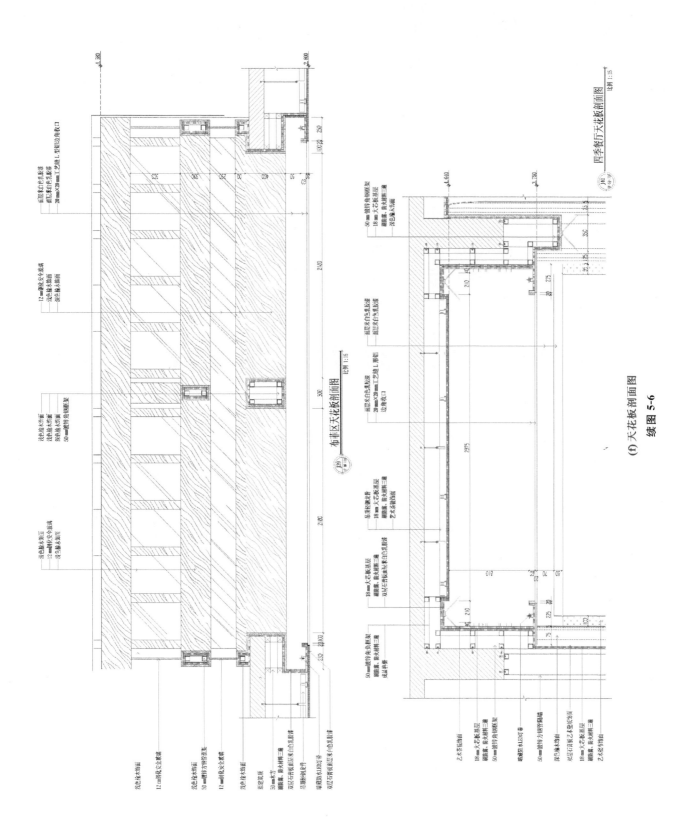

布丰区天花板剖面图
比例 1:15

四季餐厅天花板剖面图
比例 1:15

(f) 天花板剖面图
续图 5-6

(g) 门厅效果图

(h) 大厅效果图

(i) 大包间效果图(一)

(j) 大包间效果图(二)

续图 5-6

(k) 外景效果图

(l) 自助餐厅效果图

(m) 卡座区效果图

(n) 走廊效果图

(o) 小包间效果图

(p) 接待厅效果图

续图 5-6

(a) 大包间实景图(一)

(b) 大包间实景图(二)

(c) 陈设实景图(一)

(d) 陈设实景图(二)

图 5-7　华清池御膳苑的实景图

参考文献

CANYIN KONGJIAN SHEJI

[1]　刘蔓.餐饮文化空间设计[M].重庆:西南大学出版社,2004.

[2]　李振煜,赵文瑾.餐饮空间设计[M].北京:北京大学出版社,2014.

[3]　金日龙,任洪伟.商业餐饮空间设计[M].北京:中国水利水电出版社,2012.

[4]　黄文波.餐饮管理[M].3版.天津:南开大学出版社,2010.

[5]　黄浏英.主题餐厅设计与管理[M].沈阳:辽宁科学技术出版社,2001.

[6]　肖然,周小又.世界室内设计:餐饮空间[M].南京:江苏人民出版社,2011.

[7]　张晨.宴汇——国际风格餐厅设计[M].武汉:华中科技大学出版社,2011.

后记

餐饮空间设计,对于环艺专业特别是室内设计专业的学生来说,是一门非常重要的课程。这门课程的教材应当是一本从基本概念到设计推导过程再到方案呈现,能全方位地向学生展示餐饮空间设计的全阶段式设计指南,以便帮助同学们更好地掌握这门课程。在多年的教学过程中,我发现市面上现有的教材大都将重点放在设计理论阐述及最终的设计展示两大板块,少量的教材以优秀案例分析为主,这些教材虽然能利用实际效果对前期相关理论进行可视化表达,但忽视了对方案推导过程和设计流程的介绍,容易造成学生在学习的过程中虽然对理论有所了解,但是将理论运用于实践时依然会遇到问题,无法顺利地将文字性理论转化为设计图纸。基于这一原因,我结合自己的实际工作经验,将教学心得整理成册,与其他同仁们共同交流、分享餐饮空间设计的教学心得。

本书从准备到初稿完成经历了大半年的时间,本书能顺利完成首先要谢谢一直以来给予我支持和鼓励的家人,我可爱的女儿是让我不断向前的最大动力;其次要感谢在本书撰写过程中为我提出过宝贵意见的同仁们;再次,借此机会我还想感谢成都天创建筑设计有限公司及其设计总监宋卫军先生,北京清石建筑设计咨询有限公司、安东设计工作室的设计人员,他们提供了大量的优秀实践案例,同时在我撰写关于设计实践的章节时给予了许多好的建议;最后,我还想感谢武汉工程大学邮电与信息工程学院环境设计2012级、2013级的学生们,他们为本书提供了许多优秀的设计作品。没有他们的帮助,我想本书恐怕很难顺利完成,在此请允许我再次向他们表达我最诚挚的谢意。与此同时,我也希望本书能切实地帮助广大学子掌握餐饮空间设计的基本方法,了解设计的推导过程,更好地将相关设计理论转化为实践。

杨 婉

2015 年 12 月

CANYIN KONGJIAN SHEJI